Edward H. Hartmann

TPM

Edward H. Hartmann

TPM

Effiziente Instandhaltung und Maschinenmanagement

- Stillstandzeiten verringern
- Maschinenleistungen steigern
- Betriebszeiten erhöhen

Übersetzung aus dem Englischen von Dagmar Beese

Bibliografische Information der Deutschen Nationalbibliothek

Die Deutsche Nationalbibliothek verzeichnet diese Publikation in der Deutschen National-
bibliografie.
Detaillierte bibliografische Daten sind im Internet über http://dnb.d-nb.de abrufbar.

Für Fragen und Anregungen:
hartmann@mi-wirtschaftsbuch.de

Nachdruck 2011
3., aktualisierte und erweiterte Auflage 2007

© 2006 by mi-Wirtschaftsbuch, Münchner Verlagsgruppe GmbH, München,
Nymphenburger Straße 86
D-80636 München
Tel.: 089_651285_0
Fax: 089_652096

© der Originalausgabe 1992 TPM Press, Inc.
Die englische Originalausgabe erschien 1992 bei TPM Press, Inc., Allison Park, PA (USA) unter dem
Titel *Successfully Installing TPM in a Non-Japanese Plant*.

Übersetzung: Dagmar Beese, Landsberg am Lech
Umschlaggestaltung: Jarzina Kommunikations-Design, Köln
Satz: HJR, Jürgen Echter, Landsberg am Lech
Druck: GGP Media GmbH, Pößneck
Printed in Germany

ISBN 978-3-636-03088-7

Weitere Infos zum Thema:

www.mi-wirtschaftsbuch.de

Gerne übersenden wir Ihnen unser aktuelles Verlagsprogramm.

Inhalt

Vorwort

Seit nun über 20 Jahren befasst sich der Autor intensiv und fast ausschließlich mit TPM und den verwandten Methoden der Instandhaltungs- und Produktivitätsverbesserung. Wie hat sich diese – ursprünglich japanische – Methode im Westen, insbesondere im deutschsprachigen Raum, entwickelt und bewährt, und wie sind die Aussichten für die Zukunft?

In wenigen Worten: Absolut hervorragend! Die großartigen Erfolge, die erreicht wurden, sprechen für sich selbst (siehe Fallstudien und die Liste der »TPM-Fabrik-des-Jahres«-Gewinner). Es gibt Werke, die ohne eine erfolgreiche TPM-Einführung wahrscheinlich nicht mehr existieren würden. TPM ist heute ein integrierter Bestandteil in den Produktionssystemen bei Firmen wie DaimlerChrysler, Bosch und Siemens.

TPM selbst hat sich auch weiterentwickelt. Was vor 20 Jahren eine schlichte TPM-Einführung war, beinhaltet heute folgende Elemente:

- TPEM (Total Productive Equipment Management): eine vom Autor entwickelte Methode, die sich maßgeschneidert auf die Produktivitätssteigerung der Maschinen konzentriert, nicht nur auf die Instandhaltungsverbesserung. Die meisten Einführungen in der westlichen Welt verlaufen heute nach Hartmanns TPEM-Methode.
- PdM (Predictive Maintenance, vorausschauende Instandhaltung): Gut entwickelte und durchgeführte vorbeugende Instandhaltung (PM, Preventive Maintenance) reicht heute in den meisten Fällen – selbst unter Mitwirkung der Maschinenbediener – bei einem modernen und teuren Maschinenpark nicht aus, um die Ausfälle gegen null zu bringen. Die Methoden der vorausschauenden Instandhaltung (Vibrationsmessungen, Infrarotanalysen, Ölanalysen, akustische Analysen, elektrische Analysen et cetera) werden von uns heute – oft gegen den Widerstand konservativer Instandhalter – bei einer TPM-Einführung mit integriert.
- TPM-5S: Was früher ein separates – und oft nicht erfolgreiches – Programm zur Verbesserung der Ordnung, Organisation und Sauberkeit am Arbeitsplatz war, wird jetzt routinemäßig als Teil von TPM eingeführt. Nachdem die TPM-Teams die Maschinen und Anlagen verbessert und gesäubert haben, ist es ein kleiner Schritt, dasselbe mit

dem Arbeitsplatz zu machen. Dazu wird normalerweise eine Kurz-
schulung durchgeführt.

- TPM-SMED (Rüstzeitreduzierung): Mit dem Fortschritt von TPM
  werden Verluste wie Ausfälle, Wartezeiten und Kurzstörungen sukzes-
  sive reduziert, sodass häufig das Umrüsten und das Einrichten zum
  prozentual größten Verlust werden. Die TPM-Teams, die geübt sind,
  selbstständig Daten zu sammeln, zu analysieren und Verbesserungen
  zu erarbeiten und umzusetzen, werden jetzt in SMED (Single Minute
  Exchange of Die) geschult. Nach dieser Schulung erreichen die Teams
  typischerweise eine Halbierung der Rüstzeiten im ersten Durchgang –
  und das ohne erhebliche Investitionen.
- TPM-Teamleader-Schulung: Der Erfolg von TPM wird erreicht durch
  die gute Arbeit vieler TPM-Teams. Allerdings steht in den meisten
  Firmen nicht annähernd die Anzahl geschulter Teamsprecher zur
  Verfügung, die für TPM gebraucht werden. Nach erfolgter Schulung
  und Einsatz von Teamleadern sind in vielen Werken neue und
  unbekannte Führungstalente entdeckt worden.
- TPM-Audits und -Zertifizierungen sind unerlässliche Bestandteile
  einer erfolgreichen Einführung. Die Audits sind eine erstklassige
  Qualitätskontrolle und fördern zügigen Fortschritt. Die Zertifizierung
  bescheinigt den Teams oder Abteilungen, dass die TPM-Ziele erreicht
  worden sind. Wenn alle Bereiche zertifiziert sind, hat das Werk den
  TPM-Award gewonnen.

Die Zukunftsaussichten für TPM haben sich entwickelt wie TPM selbst.
Was mit den Automobilherstellern und -zulieferern begonnen hat, dehnt
sich heute auf alle Industriezweige und auf Werke bis zu relativ kleiner
Größe (<100 Mitarbeiter) aus. Die Wachstumsrate von TPM ist ungebro-
chen, und der Sättigungsgrad von TPM in der deutschsprachigen (und
auch der übrigen) Welt beträgt laut Meinung des Autors noch keine 20
Prozent. Also hat TPM (und insbesondere TPEM) nach wie vor eine
aussichtsreiche Zukunft und ermöglicht die Verbesserung der Wettbewerbsfähigkeit, welche die Industrie heute mehr denn je benötigt.

Liste der TPM-Konferenzen mit Veranstaltungsorten und Gewinnern des Wettbewerbes »TPM-Fabrik des Jahres«

1996   Nürtingen (Konzentration auf Automobil)

1997   Stuttgart (mit Besuch bei Mercedes-Benz, Motorenwerke)

1998   Homburg (mit Besuch bei INA Nadellager)

1999   Beginn des Wettbewerbs »TPM-Fabrik des Jahres« (Die besuchten Werke 1997 und 1998 hatten sich als »TPM-Fabrik des Jahres« qualifiziert)

1999   Frankfurt am Main (Gewinner GKN-Löbro in Offenbach)

2000   Hannover (Gewinner VB Autobatterie)

2001   Remscheid (Gewinner Vaillant)

2002   Heidenheim (Gewinner Varta Gerätebatterie in Dischingen)

2003   Iserlohn (Gewinner KM Europa Metal in Menden)

2004   Darmstadt (Gewinner Degussa-Röhm Plexiglas)

2005   Gelsenkirchen (Gewinner TRW)

2006   Regensburg (Gewinner Siemens VDO Automotive)

November 2006
Edward H. Hartmann, P.E.
President
International TPM Institute, Inc.
www.TPM-Institute.com

1

Die Welt des TPM

Totale produktive Instandhaltung (Total Productive Maintenance, TPM), überall auf der Welt sprechen Wartungs-, Produktions- und Fabrikmanager über dieses Thema und versuchen, mehr zu erfahren oder zu lernen, wie man es einsetzt. Von Elektronikfabriken in Malaysia über Automobilwerke in den Vereinigten Staaten und Europa bis zu Aluminium verarbeitenden Industrien in Kanada und Papierfabriken in Südamerika: Jeder befasst sich mit TPM als der neuesten und besten in einer Serie von modernen Herstellungstechniken. Unternehmen wie DaimlerChrysler, VW, Ford Motor, BMW, Pirelli, Continental AG, Dunlop, Motorola, Bosch, Siemens, Eastman Kodak, DuPont, Procter & Gamble, Kelloggs, Kraft Foods, Nestlé, Alusuisse und viele andere haben begonnen, TPM-Programme zu installieren, oder arbeiten bereits erfolgreich damit. Es scheint in der Tat eine der wichtigen zukunftsweisenden Fertigungstechnologien zu sein.

Aber ist TPM auch die Lösung Ihres Problems? Kann es zu einer Verbesserung Ihres Betriebs, zu einer Steigerung Ihrer Produktivität und zur Kostensenkung beitragen? Die Antwort ist ein deutliches »Ja«. Aber TPM muss *richtig* umgesetzt werden, damit es in *Ihrem* Werk wirklich funktioniert. TPM hat in vielen Ländern enormen Nutzen gebracht; aber es wird möglicherweise bei Ihnen nicht funktionieren, wenn Sie einfach nur versuchen, das japanische System zu kopieren. Einige nichtjapanische Unternehmen haben keine guten Ergebnisse erzielt und sehr viele Enttäuschungen und Rückschritte erlebt, weil sie einfach nur dem japanischen Modell gefolgt sind. TPM ist dann am effektivsten, wenn Sie es modifizieren und auf Ihr Umfeld, Ihre Mitarbeiter und die Probleme und Gegebenheiten Ihrer Betriebsanlagen abstimmen.

Dieses Buch wird Sie Schritt für Schritt durch einen TPM-Prozess führen, der entwickelt wurde, um in Ihrem Betrieb bessere Resultate zu erzielen. Es weist auf Probleme hin, die andere bei der Entwicklung von TPM hatten, und wird bei der erfolgreichen Umsetzung von TPM in Ihrem Betrieb sehr hilfreich sein.

Die Japaner und TPM

Die Methode der vorbeugenden Wartung, Preventive Maintenance (PM), wurde in Japan eingeführt, nachdem sie kurz zuvor in den 1950er Jahren von der General Electric Corporation entwickelt worden war. Wie bei so vielen anderen Produktionstechniken, beispielsweise der Qualitätskontrolle und der Nullfehlertechnik, übernahmen die Japaner das Konzept und entwickelten daraus ein verbessertes Programm, um effektiver zu produzieren. Seiichi Nakajima, der stellvertretende Vorsitzende des Japan

Institute of Plant Maintenance, förderte TPM in ganz Japan und wurde als »Vater des TPM« bekannt. Er schrieb ein Buch zu diesem Thema, das die Bibel der Wartungs- und Produktionsmanager in Japan und vielen anderen Ländern wurde.

Nakajimas Vorgehensweise, zuerst praktiziert bei Nippondenso, die Maschinenbediener bei den routinemäßigen Instandhaltungsarbeiten mit einzubeziehen, hat sich bewährt und bildet die Basis eines guten TPM. Aber Nakajimas Buch wurde für japanische Unternehmen geschrieben. Man wurde auf TPM aufmerksam und in vielen Management-Zeitschriften wurde es als eines der wirksamsten Werkzeuge der letzten 20 Jahre bezeichnet, das von japanischen Unternehmen eingesetzt wurde, um in der Fertigung einen Vorteil gegenüber der übrigen Welt zu erreichen.

Zweifellos besitzen die Japaner auf diesem Gebiet einen Vorsprung. Sie haben aber auch noch andere Vorteile. So ist in Japan ein umfangreiches Engagement des gesamten Managements für TPM üblich. Der Vorstandsvorsitzende einer großen japanischen Gesellschaft kann einem seiner Zulieferunternehmen mitteilen, dass sie TPM installieren sollen, wenn sie seine Firma weiter beliefern wollen. Der Leiter dieses Zulieferunternehmens wird zu seinem Werk zurückkehren und seine Angestellten darüber informieren, dass sie ein TPM-Programm starten werden. Seine Untergebenen werden nicht weiter argumentieren, niemand wird Bedenken äußern; sie werden einfach dieses Ziel mit allen zur Verfügung stehenden Mitteln verfolgen.

Der Wille und der Weg

Da wir von Mitteln sprechen: Wenn die Japaner sich entschließen, ein bestimmtes Ziel zu verfolgen, dann versichern sie sich, dass adäquate Finanzmittel zur Verfügung stehen. Es wird kein Yen zurückgehalten, wobei im Management hierüber vollkommene Übereinstimmung herrscht. Man wird diese Einstellung in anderen westlichen Ländern nicht immer antreffen. Oft entdeckt zuerst jemand im mittleren Management die Vorzüge des TPM. Er oder sie muss diese dann dem Topmanagement verkaufen und zusätzlich noch die Kosten des Programms rechtfertigen.

Die Japaner planen langfristig, routinemäßig für 10 bis 20 Jahre im Voraus. Wenn ein TPM-Programm drei oder mehr Jahre benötigt, bis es Ergebnisse aufweist, dann haben sie die Geduld, dies durchzuziehen. In anderen Ländern sind die Ziele gewöhnlich kurzfristiger. Wenn man nicht innerhalb von 6 bis 12 Monaten Gewinne vorweisen kann, dann läuft das Programm Gefahr, gestrichen zu werden.

Viele Japaner, vor allem im mittleren Management, arbeiten zehn Stunden und mehr am Tag. Zusätzlich pendeln viele Angestellte täglich zwei Stunden oder sogar noch länger. Darüber hinaus machen sie freiwillig Überstunden, um TPM zu lernen und zu praktizieren. Wenn man in anderen Ländern versuchen würde, ein TPM-Training während unbezahlter Überstunden und auf freiwilliger Basis einzuführen, gäbe es sicher Probleme mit den Angestellten.

Ein anderer Aspekt der japanischen Kultur ist ihre natürliche Affinität zu Gruppen. Japaner werden von Kindheit an in diese Richtung trainiert. In der Schule bilden die Kinder Arbeitsgruppen, die das Mittagessen servieren. Gruppen von Kindern säubern die Flure und den Schulhof. Japanische Kinder müssen sich nach der Schule an Gruppenaktivitäten beteiligen, sei es, dass sie ein Instrument spielen oder Sport treiben oder im Theater mitwirken. Diese Kinder wachsen in Gruppen auf, weswegen es für sie leicht, beinahe selbstverständlich ist, sich den kleinen Gruppen, die das Herz des TPM bilden, anzuschließen. Westliche Nationalitäten tendieren zu mehr Unabhängigkeit und handeln eher im eigenen Interesse als im Interesse einer Gruppe.

Bevor Sie mit TPM Erfolg haben, müssen Sie sich dieser Unterschiede in der Arbeitsmoral, im Managementstil und im kulturellen Hintergrund bewusst sein. Sie können die Japaner nicht kopieren. Viele, die das versuchten, waren nicht sehr erfolgreich. Sie müssen pragmatisch vorgehen und ein Programm entwickeln, das für Sie arbeitet – in *Ihrem* Umfeld, mit *Ihren* Mitarbeitern. Sie können einen auf Ihre eigenen Bedürfnisse zugeschnittenen TPM-Prozess entwickeln, der dieselben ausgezeichneten Ergebnisse in Ihrem Betrieb erzielen wird, wie sie die Japaner in den ihren erreicht haben.

Der Herausforderung begegnen

TPM ist eine gewaltige Herausforderung, aber es ist die Zeit, die Anstrengung und das Geld wert. Sie benötigen die Unterstützung des Topmanagements, die in 90 Prozent der Fälle kommen wird, sobald klar ist, worum es sich bei TPM handelt und was es für Ihren Betrieb leisten kann. Wenn Sie einen Betriebsrat haben, dann stellen Sie sicher, dass er von Anfang an einbezogen wird. Sie brauchen nicht seine enthusiastische Unterstützung, aber Sie müssen zumindest seine Beteiligung und Zustimmung haben.

Bevor Sie mit einem TPM-Programm anfangen, müssen Sie sich im Klaren darüber sein, dass dies nicht kostenlos sein wird. Tatsächlich ist ein beträchtlicher Aufwand an Zeit, Geld und Training nötig, bevor die ersten greifbaren Ergebnisse festgestellt werden können. Sie müssen sich auch vor Augen halten, dass man sich nicht unvorbereitet in ein TPM-Projekt stürzen darf. Es ist ein drastischer Schritt, der die Unternehmenskultur ändern wird und viel Vorbereitung und Engagement verlangt.

Wenn Sie diese Warnungen berücksichtigen, dann sind Sie in der Lage, einen durchführbaren Plan zu entwickeln, mit dem Sie Ihren Betrieb durch die Installation eines erprobten Systems verbessern; ein System, bei dem die Betriebsmittel mit einem Minimum an Verlusten für eine stark gesteigerte Produktivität genutzt werden.

2

Fertigung ist eine Herausforderung

Jedes Unternehmen sieht sich mit dem ständigen Anspruch konfrontiert, die Betriebsabläufe und die Geschäftsmethoden zu verbessern. Stillstand bedeutet Rückschritt. Was vor fünf Jahren akzeptabel war, ist heute ein Nachteil. Die besten Unternehmen, diejenigen, die auch in Zukunft noch dabei sein werden, verbessern und erneuern sich ständig.

TPM befasst sich mit vielen Anforderungen aus dem Produktionsbereich, mit denen auch Sie möglicherweise konfrontiert werden. Ein kurzer Überblick über die wichtigsten Punkte zeigt Ihnen, wie TPM zur Bewältigung dieser Anforderungen beitragen kann.

Der globale Wettbewerb

Ihr Unternehmen steht einer starken und in der Regel weltweiten Konkurrenz gegenüber. Auch wenn Sie selbst nicht exportieren, konkurrieren Sie mit dem internationalen Markt, denn es besteht die Möglichkeit, dass jemand ein ähnliches Produkt importiert und damit in Ihrem eigenen Hinterland mit Ihnen konkurriert. Selbst verschiedene Niederlassungen innerhalb derselben Gesellschaft müssen bei neuen Produkten miteinander konkurrieren. Deshalb kommen Sie nicht umhin, Ihrem Kunden die Erfüllung aller Wünsche zu versprechen. Und Sie müssen dieses Versprechen halten.

Die Qualitätsanforderung

Motorola und andere Unternehmen haben angekündigt, dass ihr Ziel die Qualität »Six Sigma« ist. Das bedeutet, dass dem Kunden zu 99,9996 Prozent einwandfreie Produkte geliefert werden. Wenn man es aus der Sicht der Produktion betrachtet, dann ist das eine Ausschussrate von 3,4 Teilen pro Million (ppm). Mit anderen Worten, auf 300.000 einwandfreie Teile kommt ein fehlerhaftes! Wenn Ihr Werk seine Anstrengungen darauf konzentriert, einen solchen Qualitätsgrad zu erreichen, dann müssen Sie im Voraus wissen, dass Sie bei einem bestimmten Punkt – wie ein Marathonläufer – auf eine Wand stoßen werden, eine Grenze, die Sie ziemlich frustrieren wird.

Wo liegt das Problem? Es sind Ihre Maschinen! Sie müssen eine perfekte Maschine haben, um ein perfektes Produkt herzustellen. Aber selbst mit den besten Maschinen kann es schnell bergab gehen, wenn sie nicht richtig gewartet werden. Ein Unternehmen der Papierindustrie hat kürzlich eine brandneue Maschine zur Papierherstellung installiert, die schon nach neun Monaten häufige Störungen zeigte. Bei der Inspektion wurde festgestellt, dass die Maschine bereits rostete, dass sie kaum gereinigt war und praktisch nicht gewartet wurde. Für eine perfekte Qualität brauchen Sie aber die perfekte Maschine, etwas, von dem viele Leute glauben, dass es gar nicht existieren kann. Eine absolut saubere, perfekt gewartete, bestens justierte Maschine ohne abgenutzte Bestandteile? Unmöglich!

Aber für japanische TPM-Unternehmen ist das normal. Die Fabriken sind glänzend sauber, und es herrscht eine Manie in Bezug auf Sauberkeit und kontinuierliche Wartung. Kann das auch im Westen erreicht werden? Kritiker mögen spotten, aber alles, was dafür benötigt wird, ist, die Maschinen kontinuierlich, pausenlos und aufmerksam zu beobachten. Durch TPM können Sie dieses Engagement erreichen.

Wenn Sie bereits ein erfolgreiches Qualitätsprogramm (z. B. ISO oder QS 9000) haben, wird das Ihre TPM-Installation wesentlich vereinfachen. In der Tat passen Qualität und TPM gut zusammen, und Sie müssen kein vollständig neues Programm erzeugen. TPM ist zum Beispiel sehr erfolgreich als Teil eines umfassenden Qualitätsprogramms – hier Qualität der Betriebsmittel – installiert worden. Aber selbst wenn Sie augenblicklich kein Qualitätsprogramm in Ihrem Werk umsetzen, können Sie dennoch eine gute TPM-Installation erreichen, was zu einer verbesserten Qualität Ihrer Produkte führen wird.

Just in Time (JIT)

Eine andere moderne Produktionstechnik ist Just in Time. Diese höchst effiziente Vorgehensweise reduziert spürbar den Umfang Ihrer Lagerbestände, sowohl der gerade bearbeiteten als auch der fertigen Güter. Aber JIT hängt von zuverlässigen Betriebsanlagen ab. Wenn ein Maschinenversagen mitten in einem JIT-Lauf auftritt, dann vernichtet das sofort alle Gewinne, die Sie gemacht haben.

Reduktion der Zykluszeiten

Moderne Fabriken sorgen für eine weitere Herausforderung. Sie müssen mehr und mehr in der Lage sein, schneller zu produzieren, um die Zykluszeiten zu reduzieren. Den Kunden zufriedenzustellen bedeutet, dass die Produktionszeiten immer kürzer werden, damit der Auftrag des Kunden mit noch weniger Verzögerungszeit bearbeitet werden kann. Ein Schaden in den Betriebsanlagen, Leerlauf und selbst geringfügige Störungen machen es sehr schwer, die Zykluszeiten zu reduzieren, wenn sie nicht systematisch mit Ihrem TPM-Programm angegangen werden.

Verkürzung der Rüstzeiten

JIT und die Reduzierung der Zykluszeit führen in der Regel zu kürzeren und häufigeren Produktionsumläufen. Nun sind plötzlich Einstell- und Rüstvorgänge entscheidend. Denn während des Einrichtens oder Umrüstens steht Ihre Maschine still. Sie ist nicht defekt, aber trotzdem steht sie still, soweit das die Fertigung betrifft. Frühere Studien über die Effektivität der Betriebsmittel (Overall Equipment Effectiveness, OEE) haben gezeigt, dass Rüsten und Justieren bis zu 50 Prozent der gesamten Produktionszeiten benötigen können. Sie gehören im Rahmen von TPM zu den wichtigsten Ausfällen der Betriebsmittel.

Der Austausch eines Werkzeugs innerhalb von wenigen Minuten (Single Minute Exchange of Die, SMED) ist eine sehr erfolgreiche Methode, um Rüstzeiten bis zu einem absoluten Minimum zu reduzieren. Es gibt in der Industrie viele Beispiele, dass eine Maschinenumrüstung, die anderthalb Stunden dauerte, zuerst auf 45 Minuten und dann auf 10 Minuten reduziert werden konnte. Das Ziel von SMED ist eine einstellige Minutenzahl, das heißt weniger als 10 Minuten für jede nur denkbare Umrüstung! Bei TPM ist das Engagement des Bedienpersonals für das Erreichen von reduzierten Rüstzeiten von großer Bedeutung und hat dramatische Ergebnisse gezeigt.

Kostenreduktion

Früher legte man bei den Bemühungen zur Kostenreduktion die Aufmerksamkeit hauptsächlich auf die Herstellungskosten. Die Wartungskosten machen jedoch in der Regel 5 bis 15 Prozent der gesamten Produktionskosten aus. Der tatsächliche Wert hängt vom Typ des betreffenden Unternehmens ab. Die Schwerindustrie wird am oberen Ende dieser Skala liegen, während Industrien mit einem großen Anteil an manuellen Tätigkeiten und wenig Maschinen am unteren Ende der Skala sind. Hoch automatisierte Betriebe sehen einen noch viel höheren Prozentsatz als oben erwähnt.

Der entscheidende Indikator sind nicht nur die Kosten, sondern auch der Trend. Die Produktionskosten pro Einheit sind mit der Zeit niedriger geworden aufgrund von Automation, schnelleren Betriebsanlagen, Robotern, Studien zur Kostenreduktion und anderen Faktoren. Die Wartungskosten auf der anderen Seite sind dagegen gestiegen. Sie steigen, weil die Betriebsanlagen komplizierter werden und höher entwickelt sind. Die Perspektive, bisher nur auf die Produktionskosten gerichtet, ändert sich. Viele Unternehmen suchen aktiv nach Möglichkeiten, die Instandhaltungskosten zu reduzieren. Aber wenn Sie im Wesentlichen nur Notreparaturen, die nicht kontrolliert oder vorausgesagt werden können, durchführen, wie können Sie die Wartungskosten reduzieren? Eine gute TPM-Installation wird die Spirale der steigenden Wartungskosten umkehren und gleichzeitig die Leistung Ihrer Betriebsanlagen außerordentlich verbessern.

Ausweitung der Kapazität

Die Fertigung produziert ein Produkt. Die Instandhaltung sichert die Kapazität für die Fertigung. Kennen Sie den tatsächlichen Nutzungsgrad Ihrer Betriebsanlagen? Kennen Sie die tatsächliche Verfügbarkeit Ihrer Betriebsanlagen? Kennen Sie die tatsächliche Leistung Ihrer Betriebsanlagen, wenn sie genutzt werden und verfügbar sind?

Sorgfältige Studien der Betriebsanlagen haben unglaublich niedrige Werte der totalen effektiven Produktivität (Total Effective Equipment Productivity, TEEP) ergeben, sehr zur Überraschung und Bestürzung des Managements. Nicht nur bei alten und abgenutzten Betriebsanlagen, sondern manchmal bei ziemlich neuen und modernen Maschinen! Nicht nur bei unwichtigen, überzähligen Maschinen, sondern manchmal bei produktionsbestimmenden, zwingend notwendigen Maschinen, was den gesamten Durchsatz reduziert. Manchmal gibt es so viel verfügbare Kapazität, die in den vorhandenen Betriebsanlagen versteckt ist, dass Sie geplante Maschinenkäufe oder sogar eine Expansion des Betriebes um Jahre verschieben können, wenn Sie einfach lernen, diese ungenutzte Kapazität zu erschließen. Einige Unternehmen, wie etwa Tennessee Eastman, haben deutlich demonstriert, dass TPM die Produktionskapazität steigern kann, manchmal dramatisch, ohne Kapitalinvestition.

Weitere Probleme

In vielen Ländern werden Umweltprobleme mehr und mehr zu einem wichtigen Faktor. Die gesetzlichen Vorschriften werden jeden Monat strenger. Ihre Maschinen dürfen nicht die Luft, den Boden oder das Wasser verschmutzen; trotzdem müssen sie schneller laufen und mehr produzieren. Nur gut gewartete und richtig justierte und inspizierte Betriebsanlagen können diese Probleme bewältigen.

Die andere Seite der Umweltmedaille ist das Energiesparen. In den meisten Herstellungsbetrieben sind die elektrischen Motoren die größten Energiekonsumenten. Dennoch laufen viele Motoren aufgrund von ausgebrannten Spulen, schlechten Isolierungen, Anhäufung von Schmutz oder schlechter Auswuchtung mit geringer Effizienz. Die Herausforderung besteht darin, den Energieverbrauch zu reduzieren. Wie können Sie dieser Forderung entsprechen und doch eine größere Kapazität Ihrer Betriebsanlagen erreichen?

Die TPM-Lösung

Dies sind einige der Probleme und Herausforderungen, mit denen Ihr Unternehmen im Kampf um die Wettbewerbsfähigkeit konfrontiert wird. TPM, richtig installiert, hat einen positiven und oft dramatischen Effekt auf viele dieser Fragen, ohne dass Sie einen exorbitanten Preis für Ihre Qualitäts-und Produktivitätsverbesserungen zahlen müssen. Ganz im Gegenteil, der Investitionsrückfluss (Return on Investment, ROI) Ihrer erfolgreichen TPM-Installation wird wahrscheinlich höher sein als bei jedem Ihrer früheren Programme zur Produktivitätsverbesserung.

Errechnete Ergebnisse bei führenden deutschen Unternehmen (z. B. DaimlerChrysler, Dunlop, Kiekert) haben einen ROI von 200 Prozent bis über 400 Prozent ergeben!

3

Die Betriebsanlagen, der Brennpunkt von TPM

Was genau ist TPM? In Japan wird es oft definiert als »produktive Instandhaltung unter Beteiligung aller«. Zusätzlich zur Maximierung der Effektivität der Betriebsanlagen und zum Aufbau eines umfassenden PM-Systems schließt die vollständige Definition auch die Aussage ein, dass »TPM jeden einzelnen Angestellten einschließt«.

Diese Definition ist natürlich zutreffend, aber es handelt sich dabei um die japanische Anschauung. Sie stellt die »Instandhaltung« und »jeden einzelnen Angestellten« in den Mittelpunkt, eine Ansicht, die in vielen nichtjapanischen Unternehmen zu Problemen geführt hat. Eine passendere und akzeptablere westliche Anschauung konzentriert sich eher auf die Maschine. Hartmanns Definition von TPM, wie es von westlichen Unternehmen praktiziert wird, lautet:

»Die totale produktive Instandhaltung verbessert ständig die gesamte Effektivität der Betriebsanlagen unter aktiver Beteiligung der Mitarbeiter. «

Diese Definition legt den Schwerpunkt auf die »gesamte Effektivität der Betriebsanlagen« und nicht auf die Instandhaltung und auf die »aktive Beteiligung aller Mitarbeiter« anstatt auf »jeden einzelnen Angestellten«. Während TPM nicht nur das Wartungs- und Bedienungspersonal einschließt, sondern zum Beispiel auch die Entwicklung, den Einkauf, die Meister und andere. Die Gewinne in der Gesamteffektivität der Betriebsanlagen werden durch eine gute Zusammenarbeit zwischen Bedienungspersonal und Wartungsmitarbeitern erreicht.

TPEM (Total Productive Equipment Management)

Der neue Prozess, der vom International TPM Institute, Inc., entwickelt wurde und der es leichter macht, eine erfolgreiche, maßgeschneiderte TPM-Installation in einem nichtjapanischen Betrieb zu erreichen, wird Total Productive Equipment Management (TPEM) genannt.

Anders als das mehr formalistische, rigide japanische TPM-Programm erlaubt TPEM die Entwicklung einer höchst flexiblen Installation. Es berücksichtigt die aktuellen Bedürfnisse und Prioritäten Ihrer Betriebsanlagen und insbesondere Ihrer spezifischen Gesellschafts- und Betriebskultur (besonders wenn Sie einer Gewerkschaft angeschlossen sind). Dies ist die *pragmatische* Vorgehensweise verglichen mit dem, was man die *dogmatische* Vorgehensweise nennen könnte.

TPEM ist ein registriertes Trademark der International TPM Institute, Inc.

Nutzung der Fertigungsanlagen

Nach Grundbesitz und Gebäuden sind die Produktionsanlagen normalerweise die größten Aktivposten eines Fertigungsunternehmens. Der Kapitalertrag (Return on Assets, ROA) ist ein übliches Maß für die Finanzleistung des Unternehmens. Die Nutzung der Aktiva ist der wirklich wichtigste Faktor, der die Kapitalerträge beeinflusst.

Nutzung, Verfügbarkeit und Leistung der Betriebsanlagen sind jedoch häufig überaus gering, was zu einem sehr geringen Nutzungsgrad dieser Aktiva führt.

Deshalb ist eine der wichtigsten Überlegungen bei der Entwicklung Ihrer TPM-Installation das verbesserte Management der Betriebsanlagen, damit der Nutzungsgrad der Aktiva verbessert wird.

Das Management der Betriebsanlagen

Der TPM-Prozess mittels TPEM (Total Productive Equipment Management) wird Ihr Management der Betriebsanlagen neu ausrichten und umstrukturieren. Außer dem *Nutzungsgrad der Betriebsanlagen* (mit dem Ziel, dass die Maschinen über den größtmöglichen Teil eines 24-Stunden-Tages in Betrieb sind) sind die *Leistung der Betriebsanlagen* und die *Verfügbarkeit der Betriebsanlagen* die Schlüsselkomponenten eines gesunden Managements der Betriebsanlagen und einer hohen Aktivanutzung.

Für die meisten Unternehmen gibt es die folgenden drei Phasen der Weiterentwicklung des Betriebsanlagenmanagements:

I   Verbesserung der vorhandenen Betriebsanlagen
II   Halten der verbesserten (oder neuen) Betriebsanlagen auf einem höheren Niveau von Leistung und Verfügbarkeit
III Beschaffung von neuen Betriebsanlagen mit einem hohen Leistungs- und Verfügbarkeitsniveau

In einem neuen Betrieb, der gerade die Betriebsanlagen erhalten hat, wird Phase I ersetzt durch »Abnahme von Betriebsanlagen nur dann, wenn ein bestimmter Leistungsstandard erreicht worden ist« und/oder »Beseitigen von Fehlern in den Betriebsanlagen, um einen bestimmten Leistungsstandard zu erreichen«.

Jede Phase des Managements der Betriebsanlagen umfasst mehrere Schritte, die bei der Planung der TPM-Installation für Ihren Betrieb sorgfältig berücksichtigt werden müssen. Die erste Phase des TPEM soll Ihre Betriebsanlagen auf das höchste benötigte Niveau von Leistung und

Verfügbarkeit bringen (Abb. 1). Dies ist eine bedeutende und überaus wichtige Phase des TPM. Sie kann, abhängig von dem augenblicklichen Zustand und der Leistung Ihrer Betriebsanlagen, lange dauern und eine beträchtliche Menge Geld und Mühe kosten. Es werden hier jedoch bedeutende Erfolge bei der Produktivität, Qualitätsverbesserung und Kostenreduktion erzielt.

Es ist sehr wichtig, diese Phase mit ausreichend genauem Datenmaterial und einer sorgfältigen Planung anzugehen. Sie sollten eine Prioritätenliste erstellen, um zuerst eine Verbesserung der die Produktion limitierenden Betriebsanlagen und damit eine schnelle Verbesserung des Ausstoßes zu erreichen. Diese Vorgehensweise wird auch zu einer frühen Kompensation des Aufwands für das TPM führen, wenn die Einsparungen die Kosten übersteigen.

In den ersten drei Schritten werden die Daten, die für die Entscheidungen und das Festsetzen der Prioritäten benötigt werden, besorgt. Führen Sie diese Schritte als Teil Ihrer Machbarkeitsstudie (siehe Kapitel 10) aus. Häufig wird die Entscheidung des Managements, TPM fortzusetzen, nach der Machbarkeitsstudie gefällt. Die Informationen aus dieser Studie und andere Daten (wie etwa vorhandene Protokolle über Maschinenversagen, Fehlermeldeformulare, Maschinenlogbücher, Reparaturkosten und Zwischenzeiten zwischen Maschinenversagen MTBF) werden von den TPM-Teams genutzt, um die Ausfälle der Betriebsanlagen zu analysieren (Schritt vier) und die Notwendigkeiten und Chancen der Verbesserung der Betriebsanlagen zu entwickeln (Schritt fünf). Kosten-Nutzen-Analyse, Ausstoßbedingungen, Erfordernisse der Qualitätssteigerung, verfügbare Zeit und andere Überlegungen werden die Reihenfolge der Verbesserungsprojekte bestimmen.

Schritt sechs von Phase I befasst sich mit den Notwendigkeiten und Chancen der Verbesserung der Umrüstung. Dieselben kleinen TPM-Gruppen (eventuell mit Unterstützung spezialisierter Ingenieure) analysieren die Verluste durch Umrüstprozesse, entwickeln die Erfordernisse für eine Verbesserung und entwerfen Verbesserungsprojekte. Die nächste Aktivität (Schritt sieben) ist die tatsächliche Durchführung der Verbesserungsprojekte nach Plan. Abhängig vom Zustand Ihrer Betriebsanlagen und von den festgestellten Erfordernissen und Möglichkeiten kann dieser Schritt ziemlich lange dauern (6 bis 18 Monate). Er hört tatsächlich niemals wirklich auf, da die Betriebsanlagen ständig verbessert werden müssen. Hier werden jedoch normalerweise die schnellsten und bedeutendsten TPM-Ergebnisse erzielt. Dieser Schritt gehört zu den begeisterndsten und profitabelsten Aktivitäten mit einer sehr deutlichen Auswirkung auf die Leistung der Betriebsanlagen, Aktivanutzung, Produktquali-

Anlagenmanagement

Phase I

Verbessern der Anlagen
bis zur höchsten benötigten
Leistung und Verfügbarkeit

Schritt 1: Bestimmen der vorhandenen Anlagenleistung und
Verfügbarkeit (aktueller OEE)

Schritt 2: Bestimmen des Anlagenzustands

Schritt 3: Bestandsaufnahme der jetzt durchgeführten
Instandhaltung (speziell PM) direkt an der Anlage

Schritt 4: Analyse der Anlagenverluste

Schritt 5: Ermitteln (und Ordnen) der Erfordernisse und
Möglichkeiten für die Anlagenverbesserung

Schritt 6: Ermitteln der Erfordernisse und Möglichkeiten für die
Verbesserung der Einrichtung und Umrüstung

Schritt 7: Durchführen der Verbesserungen gemäß Projekt-
und Terminplan

Schritt 8: Überprüfen der Ergebnisse und Fortsetzen nach
Bedarf

Abbildung 1: Phase I des Anlagenmanagements

tät, Ausstoß und Kosten. Der entscheidende Anteil des »Rückflusses« von Investitionen wird hier erzeugt von den kleinen Gruppen, die mit der Instandhaltung (IH) und der Entwicklung in enger Kooperation zusammenarbeiten.

Im letzten Schritt zur Verbesserung der Betriebsanlagen (Schritt acht) sollen die Ergebnisse im Vergleich zur Ausgangssituation gemessen und berichtet werden und bei Bedarf die Aktivitäten fortgesetzt werden.

Phase II des Managements der Betriebsanlagen wird die Betriebsanlagen auf ihrem höchsten Leistungs- und Verfügbarkeitsstand halten. Hier sorgen Sie dafür, dass sich die Verbesserungen, die in Phase I gemacht wurden, nicht verflüchtigen. Wenn Sie neue Betriebsanlagen besitzen, müssen Sie sicherstellen, dass ein hoher Leistungsstandard über die gesamte Nutzungszeit beibehalten wird. Der entscheidende Punkt, um dieses Ziel zu erreichen, ist, dass nichts eine gute präventive Wartung ersetzen kann. Bestandteil eines guten PM-Systems ist die vorausschauende Instandhaltung (Predictve Maintenance, PDM), die modernste diagnostische Geräte benutzt, um mögliche Fehler der Betriebsanlagen vorauszusagen. Damit werden Probleme festgestellt, bevor sie einen Ausfall der Betriebsanlagen verursachen.

Komplizierte und teuere diagnostische Geräte sind nicht immer notwendig, um Ihre Maschinen auf dem besten Betriebszustand zu halten. Oft ist alles, was Sie brauchen, eine sorgfältige Inspektion, die versteckte Defekte aufdeckt oder mögliche Probleme ausschaltet.

Sauberkeit ist ein weiteres Hilfsmittel, das dazu beiträgt, die Maschinen mit höchster Effizienz zu betreiben und die Produktqualität zu steigern. Verglichen mit den anderen Aktivitäten scheint Sauberkeit im ersten Moment zwar nicht so wichtig zu sein; der Einfluss auf die gesamte Produktivität ist jedoch mitunter dramatisch.

Ein Zigarettenwerk in North Carolina liefert hierfür ein ausgezeichnetes Beispiel. In diesem Werk gibt es eine große Zahl von Hochgeschwindigkeitsmaschinen, die durchschnittlich 7.000 Zigaretten in der Minute herstellen. In diesem hochautomatisierten Massenproduktionsprozess wird ein Endlosstreifen Papier von einer großen Rolle in die Maschine eingespeist und zu einem U-Rohr geformt, in das der Tabak gefüllt wird. Das Papier wird zu einem offenen O geformt, Klebstoff auf eine Seite des Papiers aufgebracht und ein »rod« (eine unendlich lange Zigarette) geformt. Ist die Klebstoffzufuhr aus einer kleinen Röhre unterbrochen, fällt der Tabak heraus und verteilt sich in der Maschine. Die Maschinen müssen angehalten und gereinigt werden und die Spitze der den Klebstoff zuführenden Röhre muss untersucht und gereinigt werden. Im nächsten Produktionsschritt wird der »rod« in Stücke von der doppelten Länge einer Zigarette geschnitten und, nachdem der Filter an beiden Enden hinzugefügt wurde, in die einzelnen Zigaretten geschnitten. Bei jedem Schneidevorgang entstehen »shorts« (kleine Tabakteile), die in die Maschine fallen und sich auch an anderen Stellen, wie etwa dem Motorgehäuse, elektrischen Schalttafeln, oben auf den Maschinen, in den Vertiefungen der rotierenden Trommeln usw. ansammeln können. Man braucht nicht viel Fantasie, um sich vorzustellen, wie die Partikel zusammen mit dem Staub der Filtereinsätze eine Stauung oder einen anderen Maschinenstillstand verursachen.

In solchen Situationen wird in der Regel das Wartungspersonal vor Ort (in diesem Werk zutreffend als »herumstehendes Wartungspersonal« bezeichnet) herbeigerufen, um festzustellen, wo das Problem liegt, und um die Maschinen wieder zum Laufen zu bringen. Wegen der Zufälligkeit dieser Ausfälle ist das Wartungspersonal jedoch häufig gerade mit einer anderen Maschine beschäftigt, was zu Verzögerungen und übermäßigen Ausfallzeiten führt. Eine Gruppe von Arbeitern in einem etwas abgelegenen Werksbereich wurde diese Situation leid und entwickelte ihre eigene Lösung. Sie kannten die kritischen Stellen der Maschine, wo Verstopfen und andere Probleme (wie das mit dem Klebstoff) häufig auftraten. Sie begannen damit, ihre Maschinen regelmäßig zu reinigen und kleinere Probleme selbst zu beseitigen.

Als Ergebnis ihrer Initiative benötigten ihre Maschinen weniger Aufmerksamkeit des Wartungspersonals, produzierten aber bis zu 20 Prozent mehr Ausstoß!

Wie diese Geschichte anschaulich macht, ist das Überprüfen und Reinigen der Maschinen durch das Bedienungspersonal eine der wirksamsten (und am wenigsten genutzten) Methoden, die Maschinen in Betrieb zu halten und sowohl Produktivität als auch Qualität zu steigern. Deshalb spielen in der Phase II des Managements der Betriebsanlagen (Erhalten der Betriebsanlagen auf ihrem höchsten Leistungsstand) das Reinigen, Pflegen und Überprüfen durch die Mitarbeiter eine dominierende Rolle.

In Schritt eins dieser Phase (Abb. 2) werden die PM-Erfordernisse (vorbeugende Instandhaltung) für jede Maschine festgestellt und die Wartungspläne erstellt oder revidiert. Dies geschieht durch ein Team aus Ingenieuren, Instandhaltern und Maschinenbedienern, basierend auf eigenen Erfahrungen und den Empfehlungen des Herstellers. Es schließt PM-Tätigkeiten ein, die vom Bedienungspersonal sofort oder nach einem Lehrgang durchgeführt werden können (Typ I), und solche, die nur von der IH erledigt werden können (Typ II).

Anlagenmanagement

Phase II

Halten der Anlagen
auf dem Niveau der höchsten benötigten
Leistung und Verfügbarkeit

Schritt 1: Erarbeiten der PM-Erfordernisse für jede Maschine
(Wartungsliste)

Schritt 2: Entwickeln eines Schmierkonzepts für jede
Maschine (Schmierliste)

Schritt 3: Entwickeln eines Reinigungskonzepts für jede
Maschine (Reinigungsliste)

Schritt 4: Erarbeiten von Vorgehensweisen für die Reinigung,
das Schmieren und PM

Schritt 5: Entwickeln einer Inspektionsprozedur für jede
Maschine

Schritt 6: Entwickeln eines Systems für PM, Schmieren,
Reinigen und Inspektion einschließlich aller
Formblätter und Kontrollen

Schritt 7: Erzeugen eines PM-Handbuchs

Schritt 8: PM, Reinigen und Schmieren nach Projekt- und
Terminplan durchführen

Schritt 9: Prüfen der Ergebnisse und Korrektur, falls
erforderlich

Abbildung 2: Phase II des Anlagenmanagements

Im selben Vorgang wird für jede Maschine festgestellt, was für das Schmieren (Schritt zwei) bzw. für die Reinigung (Schritt drei) notwendig ist. Im nächsten Schritt werden PM-, Schmier- und Reinigungsprozeduren entwickelt, die als eine Grundlage für die Schulung, für PM-Checklisten, Arbeitsanweisungen und Zeitpläne dienen. In Schritt fünf werden Prozeduren für die Inspektion jeder Maschine erarbeitet. Gewöhnlich sind die Inspektionsaufgaben ein Teil von PM, manchmal werden sie aber auch gesondert durchgeführt, um die Abnutzung von Komponenten festzustellen und andere potenzielle Probleme frühzeitig aufzuspüren. Wie bei PM, Reinigen und Schmieren gibt es Inspektionstätigkeiten vom Typ I und Typ II (durchgeführt von den Maschinenbedienern oder den Instandhaltern).

Schritt sechs ist die Erstellung der benötigten Formulare, um alle PM-, Schmier-, Reinigungs- und Inspektionsaufgaben zu planen, durchzuführen und zu kontrollieren. Die Formulare enthalten Checklisten, Arbeitsanweisungen, Terminpläne, Inspektionsformulare, Berichte usw. Die Entwicklung des Systems ist nun in Gang gesetzt.

Im nächsten Schritt wird ein PM-Handbuch erarbeitet. Es sollte die PM-Philosophie innerhalb von TPM beinhalten, die betriebsweite PM-Politik, alle für PM, Schmieren und Inspizieren benötigten Prozeduren und die PM-Organisation. Richtlinien für das Entwickeln und Anwenden der PM-Checklisten, Arbeitsanweisungen, Zeitpläne und Kontrollen (einschließlich MTBF (Mean Time between Failures – durchschnittliche Zeit zwischen Maschinenversagen), Kosten, Trends usw. gehören ebenfalls zu einem PM-Handbuch.

Nach diesen vorbereitenden Schritten kann mit der Durchführung der PM-, Reinigungs-, Schmier- und Inspektionsaktivitäten begonnen werden. Jetzt fangen die Mitarbeiter an, sich abhängig vom Grad ihrer Qualifikation und Motivation zu beteiligen. Im Verlauf der Zeit wollen und werden auch die Arbeiter immer mehr Aktivitäten vom Typ I im Rahmen der TPM-Philosophie und -Politik in ihrem Werk übernehmen. Ein planmäßiger Prozess des Transfers und Erlernens von Wissen läuft an.

In Schritt neun werden die Ergebnisse (Auswirkung von verbesserter PM, Schmierung, Reinigung, Inspektion) erfasst; die Aufgaben und deren Häufigkeit können nach den Erfordernissen korrigiert werden. Das erfolgreichste PM-System ist ein dynamisches Vorgehen, das auf den aktuellen und manchmal veränderten Zustand der Betriebsanlagen abgestimmt ist. Es kann sogar zu einer Reduzierung der Aktivitäten oder zu verlängerten Zeitintervallen zwischen den Aktivitäten kommen, wenn der Zustand der Betriebsanlagen oder der Komponenten zum Zeitpunkt des PM perfekt ist. Dies ist nur möglich, wenn das Wartungs- und Bedienungspersonal seine Beobachtungen aktiv in den TPM-Prozess einfließen lässt.

Senken der Kosten der Maschinenlebensdauer

In Phase III von TPEM sollen neue Betriebsanlagen mit definiertem hohem Leistungsniveau und niedrigen Lebenszykluskosten (Life Cycle Cost, LCC) angeschafft werden (gekauft oder intern gebaut). Einfach ausgedrückt enthält LCC alle Kosten, die während der Lebensdauer der Betriebsanlagen anfallen. Es gibt fünf größere Abschnitte, die jede Betriebsanlage durchläuft (Abb. 3).

An erster Stelle steht das Anlagendesign, wobei hier bis zu 80 Prozent der LCC einer Maschine festgelegt werden (abhängig davon, ob eine Maschine vollautomatisch ist oder Bedienpersonal braucht, wie wartungs- und reparaturintensiv eine Maschine sein wird usw.). Dann kommt die Konstruktion der Betriebsanlagen; danach wird die Maschine geliefert. Es folgen die Installation und die Fehlerbeseitigung, was manchmal einen hohen Prozentsatz der Anschaffungskosten ausmacht, ob beabsichtigt oder nicht.

Die vierte Kostengruppe sind die Betriebskosten (jährliche Lohnkosten der Maschinenbediener multipliziert mit der Anzahl der Jahre, in der die Maschine genutzt wird, und zusätzlich weitere betriebliche Kosten). Dies ist gewöhnlich das größte LCC-Element bei einer Maschine, die über Jahre von Arbeitern bedient wird (im Regelfall). Der letzte Punkt sind die Kosten für Wartung, Reparaturen, Umbauten oder Überholung und Verbesserungen der Betriebsanlagen. Normalerweise übersteigen die letzten beiden Kostenpunkte den Anschaffungspreis der Betriebsanlagen bei Weitem. Alle fünf Kostenpunkte sind variabel. Man hat herausgefunden, dass aufgrund unkluger Entscheidungen beim Maschinenkauf Einsparungen bei den Anschaffungskosten (Punkt eins bis drei) häufig zu großen Nachteilen führen, wenn die Kosten bei den Punkten vier und fünf (Betrieb und Wartung) während der Lebensdauer einer Maschine anwachsen.

Daher ist eine neue Vorgehensweise erforderlich, die das Gesamtbild der LCC in Betracht zieht. Wenn auch bis zu 80 Prozent der LCC im Entwurfsstadium (oder in der Spezifikation) vorbestimmt werden, so fallen doch die meisten LCC-Kosten im Betrieb oder bei der Wartung der Betriebsanlagen an. Wie können Sie diese Situation verbessern und die LCC Ihrer neuen Betriebsanlagen senken?

Haben Sie je darüber nachgedacht, wie viel Einfluss die Vertreter der Produktion und IH, wo die meisten LCC-Kosten entstehen, auf den Entwurf der Betriebsanlagen oder die Funktionsspezifikation haben? Die Leute, die das meiste über die Maschinen wissen, können in der Regel nichts oder sehr wenig in den Entwurf oder die Spezifikation ihrer nächsten Maschine einbringen! Die Chance, frühere Probleme beim

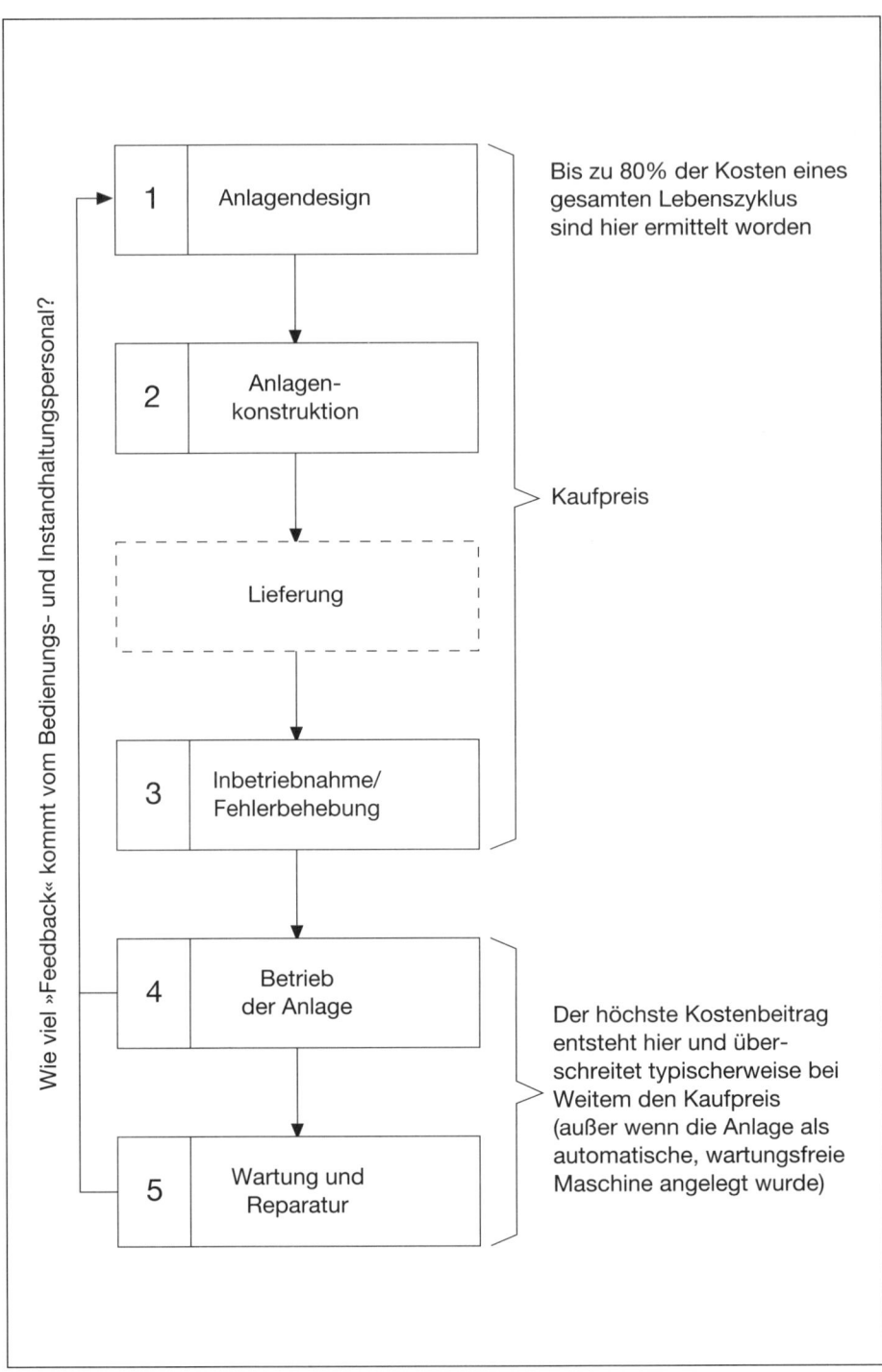

Abbildung 3: Lebenszykluskosten (Life Cycle Costs, LCC)

Entwurf auszuschließen, ist sehr gering, wenn man nicht weiß, welche Probleme es gab und welchen Einfluss sie auf Produktivität und Qualität hatten.

Es ist schwierig, irgendeine verbesserte Technologie zu entwerfen, weil man vielleicht nicht weiß, welche Veränderungen zu einer besseren Maschine führen. Die Arbeiter wissen es, und das Wartungspersonal weiß es, weil sie täglich mit diesen Maschinen arbeiten, und sie wissen auch, was funktioniert und was nicht. Sie sind vielleicht nicht in der Lage, Ihnen mitzuteilen, wie diese Verbesserungen in die Maschine einzuplanen sind, aber sie können mit Sicherheit in die richtige Richtung weisen. Eingebaute Diagnostik kann die LCC für alle neuen Betriebsanlagen, die Sie anschaffen, senken. Autos sind ein gutes Beispiel dafür, wie effektiv Diagnosegeräte beim Vermeiden von Problemen sein können. Anzeigeleuchten warnen den Autofahrer vor drohenden Problemen, die von zu niedrigem Öldruck oder einer nicht richtig geschlossenen Heckklappe ausgehen. Viele moderne Autos haben tatsächlich ein ganzes System von computergesteuerten Selbsttests, die durchgeführt werden, bevor der Fahrer losfährt. Wenn Sie eine Maschine haben, die eine Million Euro wert ist, ist es dann nicht vernünftig, solche Wachhunde einzubauen, die Ihnen melden, wenn etwas falsch laufen könnte? Das ist mit der vorhandenen Technologie einfach zu machen und braucht nicht unbedingt eine Menge Geld zu kosten. Es muss nicht einmal computergesteuert sein. Etwas so Simples wie ein akustischer Alarm oder ein Licht kann Ihren Mitarbeiter warnen, der dann weiß, wie er die Störung beheben kann, oder der das Wartungspersonal informiert.

Wie Sie das Beste aus Ihren neuen Maschinen holen

Phase III des Managements der Betriebsanlagen wendet sich den Möglichkeiten und dem Vorgang zu, der genutzt werden sollte, um neue Betriebsanlagen mit einem definierten Niveau an hoher Leistung und niedriger LCC anzuschaffen (Abb. 4).

Im ersten Schritt soll die technische Spezifikation (Taktzeit, Grad der Automatisierung, Funktionen usw.) der neuen Betriebsanlagen auf der Grundlage der Erfordernisse des neuen (oder desselben) Produkts entwickelt werden. Aber Schritt zwei und drei folgen schnell, nämlich der Beitrag der Mitarbeiter und des Wartungspersonals, basierend auf ihren Erfahrungen mit den Betriebsanlagen und des Maschinenlogbuchs. Im nächsten Schritt sollen die früheren Probleme beseitigt werden durch einen besseren Entwurf oder Spezifikationen aufgrund des Wissens, das in den beiden vorausgegangenen Schritten erworben wurde. Hier darf das Ziel, ein

Anlagenmanagement

Phase III

Beschaffen neuer Anlagen mit
definierten Hochleistungsspezifikationen
und niedrigen Lebenszykluskosten

Schritt 1: Erstellen einer technischen Spezifikation
(Lastenheft)

Schritt 2: Sammeln aller Erfahrungen der Maschinenbediener
mit den bestehenden Anlagen

Schritt 3: Sammeln aller Erfahrungen der Instandhaltung mit
den bestehenden Anlagen

Schritt 4: Beseitigen der früheren Probleme

Schritt 5: Anlagenentwurf mit neuer Technologie

Schritt 6: Entwurf der Fehler-Diagnoseverfahren

Schritt 7: Entwurf nach dem Kriterium der Instandhaltung
(möglichst wartungsfreie Anlagen)

Schritt 8: Schulung (Bedienung und Instandhaltung) früh
ansetzen

Schritt 9: Abnahme der Anlagen nur, wenn die Spezifikation
erfüllt wird

Abbildung 4: Phase III des Anlagenmanagements

anwenderfreundliches (d. h. ergonomisches) Design, nicht außer Acht gelassen werden. Vergessen Sie nicht die Fähigkeit zur schnellen (oder automatischen) Umrüstung, damit dieser Verlust bei den Betriebsanlagen reduziert oder ausgeschlossen werden kann. In Schritt fünf müssen neue Technologien in den Entwurf eingebracht werden, einschließlich solcher, welche die Sicherheit und den Umweltschutz betreffen.

In Schritt sechs werden Diagnosemaßnahmen entworfen, wie etwa Öldruckmesser, Wärmesensoren, Verschleißindikatoren, Zähler, Sensoren für Flüssigkeitspegel, für Vibrationen, für den Grad der Entleerung und für falsche Platzierung, Stundenzähler, Indikatoren und Zähler für bestimmte Problembereiche usw. Ein gutes Beispiel auf dem Gebiet der Büromaschinen sind Kopiergeräte, die nicht nur ein Problem anzeigen und bezeichnen, sondern es auch lokalisieren, einen Fehler- oder Problemcode anzeigen und die verschiedenen Typen von Fehlern protokollieren (automatisches Anlagenlogbuch), damit sich das Servicepersonal darüber informieren kann. Einige hochentwickelte Geräte fordern nach einer bestimmten Anzahl von Problemen sogar selbst telefonisch oder via PC zur Wartung auf!

Gegenstand von Schritt sieben ist, die Wartung bereits in der Entwurfsphase vorzusehen. Ziel ist der wartungsfreie oder zumindest wartungsfreundliche Entwurf. Beispiele für diesen Prozess sind u. a. ein leichter Zugang zu Stellen, die gereinigt oder gepflegt werden müssen, Maschinenverkleidungen, die mit Klammern anstelle von Schrauben befestigt werden, in die Maschine eingebaute Absauggeräte usw. Es ist wichtig, den Übungsprozess an der neuen Maschine so früh wie möglich zu starten (Schritt acht). Schicken Sie sowohl das Instandhaltungspersonal als auch die Arbeiter zum Lieferanten der Betriebsanlagen, am besten bevor die Maschine fertig ist. Das Training dort ist von großem Vorteil und wirkt darüber hinaus äußerst motivierend. Eine frühe und umfassende Ausbildung stellt sicher, dass der hohe Standard der Maschinenleistung und die Qualität von Anfang an erreicht und beibehalten werden.

Der letzte Punkt (Schritt neun) bedarf eigentlich keiner Diskussion; aber die Erfahrung zeigt, dass man hierzu doch ein paar Worte verlieren muss. Viel zu oft werden Maschinen vom Hersteller abgenommen, lange bevor sie die Spezifikationen, auf die man sich geeinigt hatte, erfüllen. Hierzu trägt häufig ein gewisser Druck von Seiten des Betriebs bei, mit der Nutzung der neuen Betriebsanlagen zu beginnen. Auch wird die Zeit, die für eine ordentliche Installation, für die Fehlerbeseitigung und für einen Testlauf benötigt wird, oft unterschätzt. Das Ergebnis sind neue Maschinen, die mit einem niedrigen OEE anfangen und nie (oder nur mit großer Anstrengung und Verzögerung) den »definierten Grad an hoher Leistung« erreichen.

Die Ziele des TPM

Um für Ihre Betriebsanlagen den höchsten Leistungsstandard zu errei-
chen oder zu halten, müssen Sie sich ehrgeizige Ziele setzen. Wie »null
Fehler« beim Qualitätsmanagement, so gibt es beim TPM vergleichbare
Ziele für die Optimierung Ihrer Betriebsanlagen:

1. *Kein* ungeplanter Stillstand der Betriebsanlagen
2. *Kein* (von den Betriebsanlagen verursachter) Defekt
3. *Kein* Geschwindigkeitsverlust der Betriebsanlagen

Das erste und schwierigste Ziel ist, ungeplanten Stillstand der Betriebsan-
lagen zu vermeiden. Die Reaktion auf diese Forderung ist gewöhnlich:
»Unmöglich!« Die Betonung liegt jedoch auf *ungeplantem* Stillstand. Wie
viel *geplanten* Stillstand werden Sie für *geplante* Wartung, PM, Reinigung,
Schmierung, Inspektion und Justierung benötigen, um einen ungeplanten
Stillstand auszuschließen?

Einige japanische Automobilwerke arbeiten in einer achtstündigen
Schicht, dann wird für vier Stunden »heruntergefahren«; dann eine
weitere achtstündige Schicht usw. Was geschieht in den vier Stunden des
eingeplanten Stillstandes? Wartung – geplante Wartung! Und Reinigen,
Inspektion, Schmieren usw. Was geschieht in der nächsten achtstündigen
Schicht mit den Betriebsanlagen? Absolut nichts; sie laufen und laufen.
Kein ungeplanter Stillstand! Dies erklärt zum Teil, warum japanische
Automobilwerke viel weniger Zeit als andere Werke brauchen, um ein
Auto zu produzieren.

Brauchen Sie 33 Prozent der Zeit für geplanten Stillstand, um zu
erreichen, dass es keinen ungeplanten Stillstand gibt? Mit Sicherheit nicht.
Wie viel dann? Sie können das leicht feststellen, indem Sie die Schritte der
Phase II des Managements der Betriebsanlagen (Halten der Betriebsanla-
gen auf ihrem höchsten Leistungsstand) durchgehen und die regulären
Wartungsvorgänge hinzuaddieren. Die Beteiligung der Mitarbeiter beim
TPM-Prozess wird die Zeit, die pro Tag für den geplanten Stillstand
benötigt wird, reduzieren.

Es ist offensichtlich, dass es einen Punkt des »verschwindenden Er-
trags« gibt, und das Erreichen des »absoluten Nullwerts« wird möglicherweise unerschwinglich. Aber Sie müssen daran *glauben*, dass null ungeplanter Stillstand möglich ist, und versuchen, dies zu erreichen. Wenn Ihr
Instandhaltungsmanagement datengestützt ist, können Sie Ihren Rentabi-
litätspunkt ermitteln, und Sie werden feststellen, dass er viel näher an null
ungeplantem Stillstand liegt, als Sie denken. Kalkulieren Sie die Kosten

des ungeplanten Stillstands und vergleichen Sie sie mit den Kosten für zusätzliche geplante Wartung, um den ungeplanten Stillstand zu vermeiden.

Das zweite TPM-Ziel ist »keine von Betriebsanlagen verursachten Defekte beim Produkt«. In einigen Unternehmen, die nach einem perfekten Qualitätsstandard streben, sind die Betriebsanlagen zum Hindernis geworden. Sie müssen in einem Zustand sein, der keine Defekte zulässt. Perfekte Qualität verlangt perfekte Betriebsanlagen. Unternehmen, die Qualität ernst nehmen, müssen auch TPM ernst nehmen.

Kein Verlust an Geschwindigkeit der Betriebsanlagen ist das dritte Ziel. Geschwindigkeitsverlust ist einer der »versteckten Verluste«, weil er (oder die Zyklusdauer) gewöhnlich nicht gemessen und mit den Spezifikationen verglichen wird. Manchmal ist die theoretische Geschwindigkeit oder auch Taktzeit nicht bekannt und wurde auch nicht ermittelt. Sehr oft sind abgenutzte Betriebsanlagen die Ursache, die bei normaler Betriebsgeschwindigkeit nicht mehr im Toleranzbereich bleiben. Das Problem ist, dass eine solche Maschine, wenn sie zu einer Fertigungsstraße gehört, die gesamte Fertigungsstraße verlangsamt und der Ausstoß mit der Zeit allmählich abnimmt. In der Industrie beträgt der Verlust der Maschinengeschwindigkeit häufig 10 Prozent. Die Unternehmen verlieren bis zu 10 Prozent ihrer *Produktivität*, was mit TPM leicht herausgefunden und korrigiert werden kann.

Die Elemente des TPEM

Eine erfolgreich angewendete Vorgehensweise, um in der nichtjapanischen Welt TPM zu installieren, ist das TPEM (Total Productive Equipment Management). Die drei Komponenten des TPEM sind:

1. TPM-AM (im Mittelpunkt steht die autonome Wartung)
2. TPM-PM (im Mittelpunkt steht die vorbeugende und vorausschauende Instandhaltung)
3. TPM-EM (im Mittelpunkt steht das Management und die Verbesserung der Betriebsanlagen)

TPM-AM bewirkt und organisiert die Beteiligung der Maschinenbediener an der Wartung und Schmierung ihrer Maschinen. Autonome Instandhaltung ist die Grundlage der japanischen Methode; sie spielt jedoch in der westlichen Welt eine weniger dominante Rolle. Man muss sich vor Augen führen, dass die Unterschiede in der Kultur und im Managementstil deutlich genug sind, um außerhalb Japans normalerweise eine andere

Definition und Sichtweise von »autonomer Instandhaltung« zu entwickeln.

Ein gewisses Maß an »autonomer Instandhaltung«, eingebunden in die Struktur der kleinen Arbeitsgruppen, ist jedoch wichtig und entscheidend für den Erfolg von TPM. Mit TPM-AM können Sie Art und Umfang der Beteiligung der Mitarbeiter feststellen, die zur Kultur Ihrer Firma und Ihres Werkes passt und den Erfordernissen Ihrer Betriebsanlagen und Organisation entspricht (siehe Kapitel 7).

TPM-PM einschließlich vorbeugender sowie vorausschauender Instandhaltung ist ein vollständiges PM-System über die gesamte Lebensdauer der Betriebsanlagen. Zu einem gewissen Grad gibt es Überlappungen mit TPM-AM, da von den Arbeitern erwartet wird, dass sie sich an der Wartung ihrer Maschinen beteiligen, um schließlich Typ I der PM in einer autonomen Weise auszuführen. Ein gutes PM-System muss jedoch unter TPEM entwickelt und durchgeführt werden, unabhängig vom Grad der Beteiligung der Arbeiter. (TPM-PM wird detailliert in Kapitel 8 behandelt.)

TPM-EM ist eine sehr interessante Möglichkeit, um schnell die Leistung Ihrer Betriebsanlagen zu verbessern und um Ihre Arbeiter von Anfang an in TPM miteinzubeziehen. Dieses Teilgebiet von TPM ist sehr profitabel, aufregend und oft unterhaltsam. TPM-EM wird gewöhnlich als erste Komponente in einem Werk installiert, wenn die Verbesserung der Betriebsanlagenleistung hohe Priorität hat. Sie erhalten wertvolle Hinweise auf die Fähigkeiten und Motivation Ihrer Maschinenbediener und Instandhalter, womit Sie in die Lage versetzt werden, deren Potenzial einzuschätzen und die gesamten TPM-Installationen erfolgreich zu vervollständigen. (Details zu TPM-EM finden Sie in Kapitel 9.)

Die Bedeutung von »total«

Was genau bedeutet das »total« in TPM wirklich? Als Erstes steht es für die totale ökonomische Effektivität. Das bedeutet, dass Sie einen Grad an Profitabilität erwarten können, den Sie niemals zuvor erreicht haben. TPM zahlt sich mehr als nur aus. ROI (Return on Investment, Investitionsrückfluss) in Höhe von 400 Prozent und mehr sind in amerikanischen und deutschen Werken erreicht worden.

TPM beinhaltet auch eine totale Erfassung. Sie werden die gesamten Betriebsanlagen prüfen und sich damit beschäftigen, nicht nur mit den Engpässen. Im ganzen Werk wird die bestmögliche Wartung und Maschinenleistung angestrebt. Es ist jedoch naheliegend, dass während der

Installation zuerst die »produktionslimitierenden« Maschinen im Mittelpunkt stehen und verbessert werden.

»Total« schließt alle Aspekte des IH-Systems ein. Nicht nur vorbeugende und vorausschauende Instandhaltung, sondern auch geplante Instandhaltung, computergesteuerte Instandhaltung (IPS), IH-Kontrolle, gute Planung und Berichtwesen und alle anderen IH-Methoden, die zu Ihrer Verfügung stehen.

»Total« bedeutet eine vollständige Beteiligung aller betroffenen Mitarbeiter. TPM ist nicht ein System nur für die IH oder nur eine Schicht. Um richtig zu funktionieren, müssen alle beteiligten Mitarbeiter TPM kennen und nach besten Kräften umsetzen. Das schließt insbesondere ein Management ein, das Führung, Anleitung und Unterstützung, Anerkennung und ein System der Belohnung vermittelt.

In späteren Phasen bedeutet »total« nicht nur den Bereich Ihrer Betriebsanlagen und der Produktion, sondern andere Abteilungen, die sich mit den Betriebsanlagen befassen, wie etwa Engineering, Einkauf usw. Schlussendlich wird TPM (wo angebracht) auch im Büro angewendet.

Die TPM-Organisation

Um TPM erfolgreich in Ihrem Werk oder Konzern zu installieren, muss es durch eine Organisationsstruktur unterstützt werden, die seinen Fortschritt und Erfolg ermöglicht. Sehr oft wird die Notwendigkeit dazu nicht (oder zu spät) erkannt, wodurch der Verlauf einer ansonsten guten TPM-Installation verlangsamt wird.

Abbildung 5 zeigt schematisch eine typische TPM-Organisation. Die Linienorganisation reicht vom Topmanagement, das im TPM-Lenkungsausschuss vertreten ist, bis hinab zu den TPM-Kleingruppen auf Produktionsebene.

Die *Stabsorganisation* schließt einen TPM-Champion für das Werk ein, gewöhnlich ein hochrangiger Manager, der für das gesamte TPM verantwortlich zeichnen wird. Die für Ihren TPM-Erfolg wichtigste Person ist jedoch der TPM-Manager, manchmal als TPM-Koordinator bezeichnet. Dieser Job ist in der Regel eine Vollzeitaufgabe (außer in einem kleinen Werk) mit der Verantwortung für Planung und Durchführung Ihrer TPM-Installation. Der TPM-Manager entwickelt und führt die TPM-Ausbildung durch, leitet die Machbarkeitsstudie, misst und berichtet über den Fortschritt und treibt TPM in Ihrem Werk voran. Zusätzliche Aufgaben bestehen darin, die verschiedenen TPM-Kleingruppen zu unterstützen und eine Verbindung innerhalb dieser Gruppen zu vermitteln, zwischen Instandhaltung und Produktion und zwischen der TPM-Organisation und

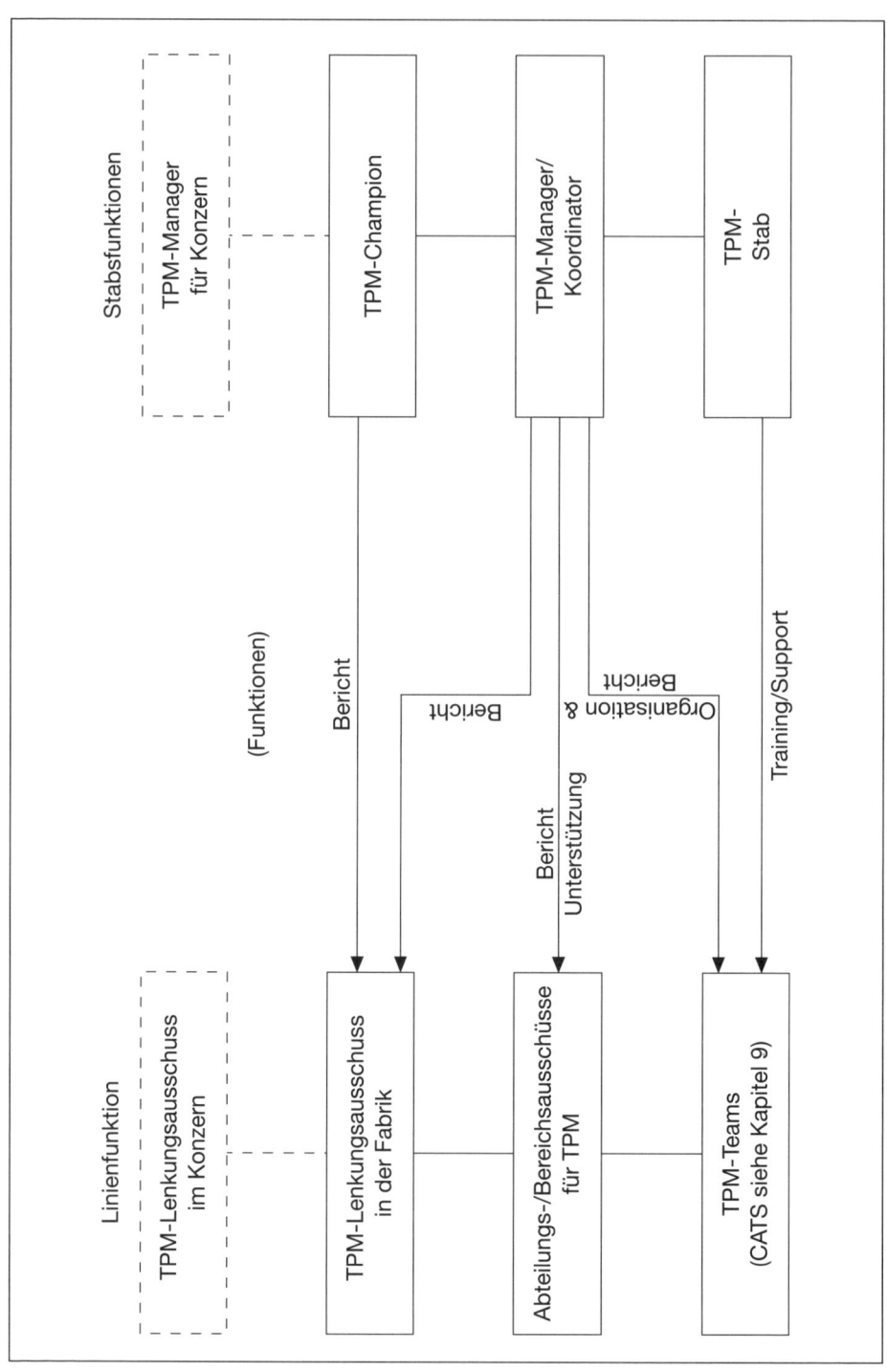

Abbildung 5: Typische TPM-Organisation

dem Management. Das ist in der Tat eine überaus wichtige und entscheidende Position, deren richtige Besetzung oft der Schlüssel zum TPM-Erfolg eines Unternehmens ist.

Abhängig von der Größe Ihres Werks und der Arbeitslast Ihres TPM-Managers kann ein Bedarf an einem TPM-Mitarbeiterstab in Ganztags- oder Teilzeitarbeit bestehen, der den TPM-Manager unterstützt und ihm berichtet. Der Mitarbeiterstab ist häufig an der Entwicklung und Verbreitung von TPM-Ausbildung und an der Unterstützung der TPM-Kleingruppen beteiligt.

Die organisatorischen Erfordernisse und Stellenbeschreibungen werden detaillierter in den Kapiteln diskutiert, die sich mit der Machbarkeitsstudie, der Planung der Installation und der TPM-Installation befassen.

4

Die Macht von TPM

Obwohl TPM vergleichsweise noch in den Kinderschuhen steckt, gibt es bereits eine Reihe von Erfolgsgeschichten zu erzählen. Die Japaner wenden TPM natürlich schon seit über 30 Jahren an. Heute wird angenommen, dass mehr als 1.000 japanische Werke TPM nutzen, wobei das ganze Spektrum der Industrien abgedeckt wird, von der Mikroelektronik bis zu Kraftfahrzeugen und Stahlindustrie.

Wenn die Japaner auch die Ersten waren, so können sie doch TPM nicht für sich allein beanspruchen. Der Trend ist international. Es gibt in Lateinamerika, Südostasien und Europa eine ungeheure Woge des Interesses an TPM.

Auch in den Vereinigten Staaten hat TPM bei einer Anzahl großer Unternehmen Anklang gefunden. Ford Motor Company, Eastman Kodak, DuPont, Colgate-Palmolive und Motorola sind einige der führenden Gesellschaften, die TPM jetzt in vielen Werken sowohl in den Vereinigten Staaten als auch in Europa installieren.

TPM wirkt sich auf die ganze Produktion aus

Die meisten Resultate sind hervorragend. Und sie stellen sich in allen Phasen des Produktionsprozesses ein. In einem Flugzeugwerk in den Vereinigten Staaten trug die Einführung von TPM dazu bei, dass die Anforderungen an den Instandhaltungsservice in nur drei Monaten um 29 Prozent reduziert wurden.

Natürlich ist das primäre Ziel von TPM, die Ausfallzeiten der Betriebsanlagen zu reduzieren. Der Grund ist einfach. Sie können nur Geld machen, wenn Ihre Betriebsanlagen laufen. Das Warten auf das Wartungspersonal und die Reparatur von Maschinenschäden kostet Sie wertvolle Produktionszeit. Deshalb müssen Sie Betriebsstörungen verhindern und unnötigen Leerlauf und Stillstand der Betriebsanlagen eliminieren. Sie müssen Ihre Mitarbeiter schulen und motivieren, sich zu beteiligen, damit diese Ziele erreicht werden.

Allein diese vier Reduktionen – weniger Ausfall der Betriebsanlagen, schnellere Umrüstvorgänge, weniger Ausfallzeiten für Wartung und weniger Leerlauf und Stillstand – können Ihnen 40 Prozent mehr Ausstoß in derselben Zeit bringen. Das ist, als ob für jede Stunde, die Ihre Maschinen in Betrieb sind, 24 Minuten zusätzliche Produktionszeit gewonnen würde.

Durch Anwendung von TPM können Sie die Maschinengeschwindigkeit um ungefähr 10 Prozent erhöhen. Einer der wichtigsten Gründe für eine Verlangsamung der Maschinen sind abgenutzte Teile. Ein weiterer Grund sind lockere Bolzen und Schrauben in der Maschine. Vibrationen verursachen dann eine Lockerung dieser Befestigungen. Es gibt Vibrationen bei jeder Maschine, die einen Motor oder andere rotierende oder oszillierende Bestandteile hat. Einiges davon kann durch Auswuchten von Lagern, Getrieben und Wellen gedrosselt werden. Aber sogar die neueren Hochpräzisionsmaschinen haben Vibrationen. Deshalb ist das Anziehen von Bolzen und Schrauben eine Routinearbeit, die sich durch eine Steigerung der Maschinengeschwindigkeit schnell auszahlt.

Die Schmierung ist das Lebenselexier des Maschinenbetriebs und der -geschwindigkeit, leider wird sie oft vernachlässigt. Die Maschinen sollten von den Mitarbeitern mithilfe einer Checkliste inspiziert werden, um sicherzustellen, dass die Wartung regelmäßig durchgeführt wird. Alle diese Aktionen erhalten die Betriebsanlagen in einem besseren Zustand, sodass sie bei einer höheren Geschwindigkeit betrieben werden können.

Reduzieren der Ausschussrate

Im Tochigi-Werk von Nissan hat TPM die Ausschussrate um 90 Prozent verringert, von zehn pro Tausend auf eins pro Tausend. Auch Ihre Qualität kann von 99 Prozent auf 99,99 Prozent ansteigen. Einige Anlagen von Ford und Motorola erreichen dies bereits. Das ist sehr nah am Ziel von Null-Ausschuss.

Regelmäßige Wartung ist der Schlüssel und durch Protokollieren stellen Sie sicher, dass PM und andere Instandhaltung nach Plan durchgeführt werden. Viele qualitätsbewusste Unternehmen nutzen bereits die statistische Prozesskontrolle (Statistical Process Control, SPC). In SPC geschulte Mitarbeiter machen Statistiken, Diagramme und erledigen weitere Schreibtischarbeit. Wenn man vor einigen Jahren Arbeiter gebeten hätte, dies zu tun, dann hätten sie gesagt, dies sei unmöglich. Heute liegen die Dinge anders.

Die meisten motivierten Arbeiter werden auch ihre Maschinen regelmäßig überprüfen. Noch einmal: Es ist eine Schulung notwendig, damit eine solche Reaktion hervorgerufen wird. Aber wenn erst einmal ein starkes Interesse der Arbeiter an ihren Maschinen geweckt wurde, dann werden sie diese überprüfen wollen, um sicherzustellen, dass sie in einem guten Zustand sind.

Die Grundlage für diese Qualitätssteigerung ist die Verbesserung der Betriebsanlagen und eine kompromisslose Wartung. Sie haben eine viel bessere Chance, ein Qualitätsprodukt zu produzieren, wenn Sie sicherstellen, dass Ihre Betriebsanlagen in hervorragendem Zustand sind. Und genau das ist es, was man braucht, um auf dem heutigen Weltmarkt konkurrenzfähig zu sein.

Die Passion der Produktivität

Die höhere Qualität und die verbesserte Leistung der Betriebsanlagen führen zu einer gesteigerten Produktivität. Dai Nippon in Osaka, Japan, hat einen *werksweiten* Produktionszuwachs von 50 Prozent erreicht. Diese Zugewinne wurden durch weniger Störungen, geringeren Leerlauf und weniger Stillstand, kürzere Umrüstzeiten, höhere Geschwindigkeit und weniger Ausschuss erzielt.

Stellen Sie sich vor, Sie würden zur Zeit 1.000 Teile oder Komponenten am Tag produzieren und könnten dies auf 1.500 erhöhen, ohne eine Extraschicht einzuführen. Welchen Effekt würde das auf das Einkommen Ihres Unternehmens haben? Das ist die Macht von TPM.

Normalerweise können Sie nicht erwarten, dass Ihr ganzes Werk eine 50-prozentige Verbesserung erreicht. Aber bei vielen Maschinen ist es möglich. Setzen Sie ein Ziel, das Sie erreichen können, indem Sie die augenblicklichen Zustände in Ihrem Werk studieren, die gesamte Effektivität Ihrer Betriebsanlagen kalkulieren und dann festlegen, wie Sie dies verbessern können und wie hoch der neue Ausstoß sein wird.

Die Kontrolle der Instandhaltungskosten

Roboter, automatisierte Fabriken, computergesteuerte Herstellung, computergestützte numerische Kontrolle (CNC) – alle diese hochtechnischen Errungenschaften helfen den Unternehmen, mehr und bessere Qualitätsprodukte zu produzieren. Aber die neuen komplizierten Maschinen, die zu dieser Technologie gehören, sind teuer in Anschaffung, Reparatur und Wartung. Die Anforderungen an die Instandhaltung und die Wartungskosten klettern in die Höhe, wo immer diese neue Technologie installiert wird.

TPM kann dazu beitragen, dass die IH-Kosten sinken. In Betrieben, in denen TPM installiert wurde, wurde über Kostensenkungen von 30 Prozent berichtet. Manchmal können diese 30 Prozent schon auf einem Gebiet allein erreicht werden, zum Beispiel durch Verringerung der Wege- und Wartezeiten und sonstigen Verzögerungen. Der Maschinenbediener ist schon vor Ort, und mit der richtigen Schulung kann er viele Probleme beseitigen und damit einen großen Teil der Wegezeitkosten eliminieren.

Wartezeiten können bis zu 35 Prozent der Arbeitszeit eines Instandhalters verschlingen. Sie planen eine Instandhaltungsaufgabe an einer Maschine, der Instandhalter wartet und geht zur betreffenden Stelle. Dort kann jedoch der augenblickliche Produktionsablauf nicht unterbrochen werden. Der Instandhalter wartet und wartet. Sie bezahlen diesen bestens ausgebildeten und hoch bezahlten Experten dafür, dass er herumsitzt und einer Fertigungslinie im Betrieb zuschaut. Wenn diese Arbeit vom Maschinenbediener getan werden könnte, dann könnte man sie günstig und ohne Zeitverlust in einen Produktionsstopp einplanen.

Abbildung 6 veranschaulicht, wie Sie eine Instandhaltungsabteilung durch TPM in einen Hightech-Betrieb umwandeln. Delegieren Sie die Routinearbeiten, wie etwa Reinigen der Betriebsanlagen, Justierung, Schmieren und Einrichten, auf die Arbeiter an den Maschinen. Sie können sogar viele Inspektionsaufgaben übergeben, einige oder die meisten Aufgaben der Wartung und vielleicht einige einfachere Reparaturaufgaben.

Das entlastet die Instandhalter, sodass sie mehr Zeit in Hightech-Aktivitäten, wie etwa Überprüfen und Verbessern der Betriebsanlagen, investieren können. Qualifizierte Facharbeiter sollten die wichtigeren PM erledigen sowie die notwendigen Überholungen und Verbesserungen der Betriebsanlagen, für die nie genug Zeit zur Verfügung zu stehen scheint. Eine weitere Hightech-Aufgabe für diese Spezialisten ist die vorausschauende Instandhaltung, um den Zustand der Betriebsanlagen und notwendige Reparaturen festzustellen. Sogar die Assistenz bei dem Entwurf neuer Betriebsanlagen liegt im Bereich dieser Facharbeiter.

Zu einer neuen Hightech-Instandhaltung gehört die Schulung der Maschinenarbeiter, die bei TPM wichtig wird. Wenn die Instandhalter die Vorteile erkennen, die das Übertragen ihrer Routinearbeiten auf die Arbeiter bringt, dann wird die Schulung hohe Priorität erhalten.

Verbesserung Ihres Sicherheitsstands

Ein weiterer Vorteil von TPM ist die erhöhte Sicherheit. Zusätzlich zum Null-Ausschuss ist das Ziel von TPM das Erreichen von null Unfällen. Bei Tennesse Eastman, einem Chemieunternehmen, das die erste und erfolgreiche TPM-Installation in den Vereinigten Staaten durchführte, ereigneten sich nur drei unbedeutende Unfälle, wobei jedoch in den letzten vier Jahren über 1.000.000 TPM-Aufgaben zu bewältigen waren (Arbeiten, die zuvor die IH erledigte). Dies ist eine enorme Verbesserung gegenüber früheren Statistiken. Bei TPM werden die Arbeiter geschult und motiviert, sicher zu arbeiten. Wenn ein Arbeiter nicht sicher ist, wie eine TPM-Aufgabe korrekt ausgeführt werden muss, dann springt ein anderer, erfahrener Arbeiter ein und hilft. Das ist das Teamkonzept und der Grund, warum die Sicherheit mit TPM drastisch erhöht wird.

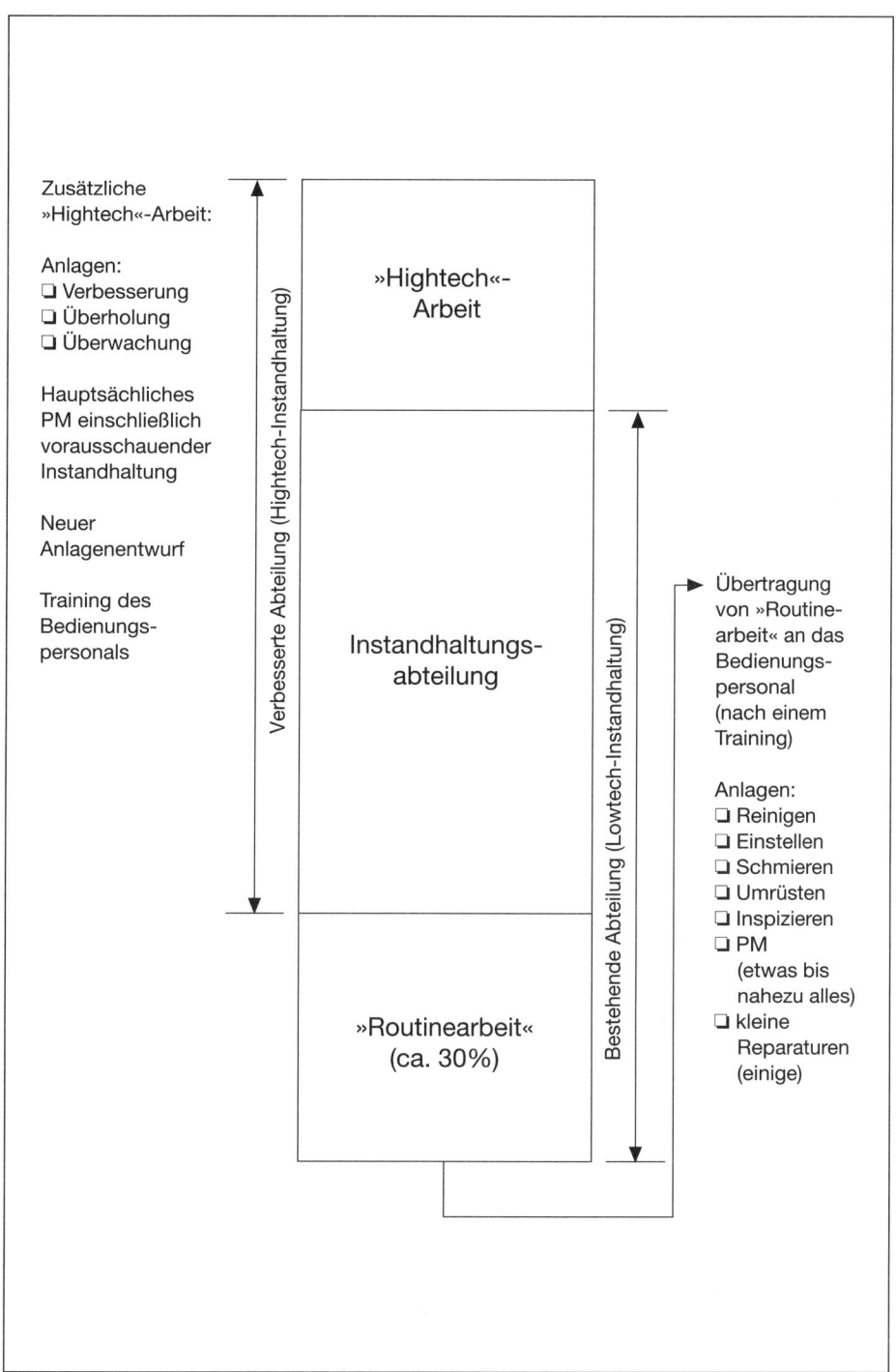

Abbildung 6: Instandhaltungsabteilung von »Lowtech« nach »Hightech«

Die Zahl unter dem Strich

Das TPM-Programm zahlt sich im Investitionsrückfluss mehr als aus. Dai Nippon, eine große japanische Druckerei, investierte 2,1 Millionen Dollar in TPM. Aber das Unternehmen sparte in demselben Zeitraum 5,5 Millionen Dollar ein, das ist ein ROI von 262 Prozent. Tennesse Eastman gibt jährlich 1 Million Dollar für TPM aus. Ihre dokumentierte *Kostenreduktion* beträgt über 5 Millionen Dollar im Jahr, das ist ein ROI von über 500 Prozent. Darin sind die Gewinne aus der verbesserten Produktivität (Ausstoß) nicht enthalten, die auf ein Vielfaches des Kostenreduktionsgewinns geschätzt werden!

Sie müssen einiges in TPM investieren, damit es läuft. TPM ist nicht etwa ein schnelles Heilmittel. Es gibt Kosten für Administration, Schulung und für die Verbesserung der Betriebsanlagen. Sie müssen kalkulieren können, wo Einsparungen möglich sind und wie viel Sie annäherungsweise an Gewinnen erwarten können.

Hier ein Beispiel aus dem Tennessee-Eastman-Werk, das Ihnen eine Vorstellung davon geben soll, wie Einsparungen zu kalkulieren sind. Einige der Maschinen enthalten eine kleine gummierte Scheibe, die als Sicherheitsventil dient. Wenn das Vakuum in der Maschine (ein chemischer Reaktor) zu hoch wird, zerbricht die Scheibe und die Maschine steht still. Vor TPM dauerte es vier Stunden, bis die Maschine wieder in Betrieb war.

Warum so lange? Der Arbeiter an der Maschine informierte den Produktionsvorbereiter, dieser informierte den Instandhaltungsleiter, der wiederum holte den zuständigen Facharbeiter, der das Problem beseitigen konnte. Der Facharbeiter ging dann zum Lager, um das Ersatzteil zu holen, brachte es zur Maschine und lockerte vier Schrauben an zwei Flanschen. Dann entfernte er das zerbrochene Teil, setzte das neue ein, passte es richtig ein und zog die Schrauben wieder fest. Dies geschah mehr als 200 Mal im Jahr. Das ergibt 800 Stunden, die bei jährlichen Kosten von ungefähr 20.000 Dollar mit dem Auswechseln eines Sicherheitsventils verbracht wurden.

Als TPM installiert wurde, entschieden die Arbeiter (zusammen mit der IH), dass dies eine Aufgabe sei, die sie selber ausführen könnten, wenn sie das richtige Werkzeug und die Ersatzteile zur Verfügung hätten. So übernahmen sie nach einer Schulungsphase diese Aufgabe. Und es geschah etwas Seltsames. Die Anzahl der Ausfälle aufgrund des Sicherheitsventils reduzierte sich zuerst auf 20 im Jahr und ein Jahr später auf 10. Die Arbeiter hatten nämlich keine Lust, die Scheibe 200 Mal im Jahr zu ersetzen. Daher beobachteten sie die Skala genauer, um zu verhindern, dass das Vakuum zu hoch wurde und die Scheibe zerriss. Und weil die Arbeiter die Werkzeuge und Ersatzteile am Arbeitsplatz hatten, verkürzte sich der Stillstand der Maschine von vier auf eine Stunde.

Die neue Kalkulation (10 Mal eine Stunde pro Vorfall mal 25 Dollar pro Stunde) ergibt Gesamtkosten von 250 Dollar für Reparaturen. Das ist eine Kostenreduktion von 19.750 Dollar oder 99 Prozent. Es gibt außerdem der IH 800 zusätzliche Stunden, in denen sie sich anderen Aufgaben widmen kann. Und die Produktion gewinnt 790 Stunden ihrer zusätzlichen Laufzeit, was allein schon sehr bedeutend ist und sogar noch nicht in der Kalkulation der Kostenersparnis enthalten ist. Wenn man diese Berechnung der Kostenreduktion mit den Hunderten von anderen Wartungsaufgaben, die Arbeiter im Betrieb erledigen können, multipliziert, dann wird der ROI wirklich beeindruckend.

Beteiligung der Mitarbeiter

Bei jeder ausgereiften TPM-Installation sind die Arbeiter stolz auf ihre Leistung. Sie kommen zu einem und erzählen, wie sie ihre Maschine verbessert haben. Dieses Gefühl kann man nicht in Form von Kostenreduktion oder Leistungsverbesserung ausdrücken, aber es ist vorhanden, man kann es deutlich erkennen – und es liefert das Motivationspotenzial für weitere Maschinenverbesserungen.

Die Mitarbeiter sind mit ihrer Arbeit zufriedener, weil sie enger mit ihrer Maschine verbunden sind. Sie entwickeln ein Gefühl von »Besitz« zu der Maschine, was noch zum Gefühl von Stolz hinzukommt. Außerdem nimmt die Teamarbeit zu. Es gibt mehr Interaktionen, es wird mehr nachgedacht, um die Lösung von Wartungs- und Maschinenproblemen zu finden. Und die Teammitglieder unterstützen sich gegenseitig bei der Arbeit. Kontinuierliche Verbesserung, in Japan auch Kaizen genannt, und ein ausgeprägtes Gruppengefühl, gehören in Japan zur Arbeitskultur. Vielleicht kommt es auch daher, dass TPM in Japan so perfektioniert werden konnte.

Weil für TPM eine Schulung erforderlich ist, besitzen Ihre Angestellten ein besseres Fachwissen. Bei der rapiden Entwicklung der Technologie in den kommenden zehn Jahren bedeutet ein höheres Fachwissen ein großes Plus. In vielen Unternehmen wird der Quantensprung bei den automatisierten Betriebsanlagen Angestellte erforderlich machen, die vielseitig und besser ausgebildet sind.

Die Mitarbeit der Angestellten am TPM-Prozess führt zu weniger Wechsel. Der Arbeitsplatz wird interessanter, weil die Angestellten intensiver in den Arbeitsprozess eingebunden sind. Ihre Mitarbeiter, Ihr größter Aktivposten, arbeiten mit Ihnen zusammen, um Qualität und Produktivität zu verbessern und um Maschinenstörfälle und Arbeitszeitverluste zu reduzieren.

Die Macht von TPM anwenden

TPM eignet sich ausgezeichnet dafür, die Angestellten in den Prozess miteinzubeziehen. Aber Sie können nicht erwarten, dass diese Beteiligung und Motivation automatisch geschieht. Geld ist natürlich ein erstklassiger Anreiz in der ganzen Welt. Je höher qualifiziert Arbeiter sind, desto mehr Lohn können sie verdienen. Aber selbst wenn Sie Ihren Mitarbeitern höhere Löhne zahlen müssen, so sind diese Kosten eine gute Investition. Natürlich gibt es auch andere Anreize. Das können Auszeichnungen oder gemeinsame Mittagessen sein, wenn bestimmte Ziele oder Meilensteine erreicht sind.

Was man nicht vergessen darf, ist, dass TPM Zeit, Entschlossenheit, Schulung und Motivation braucht. Es ist möglich, dass es ein gewisses Maß an Widerstand gegen die Änderung geben wird, manchmal auch mehr, wenn Gewerkschaften beteiligt sind. Diese Reaktion ist normal und kommt überall auf der Welt vor.

Ein Elektronikunternehmen in Malaysia benutzte eine interessante Methode, um seinen Arbeitern, zum größten Teil jungen Frauen, TPM zu erklären. Sie verglichen TPM mit einer Mutter, die sich um ihr Baby kümmert. Die Maschine ist natürlich das Baby. Die Mutter, der Mitarbeiter, ist dafür verantwortlich, das Baby sauber zu halten, zu füttern, einzucremen usw. Die Mutter überwacht auch das Baby. Wenn es schreit, ist irgendwas nicht in Ordnung. Die Mutter muss seine Temperatur messen, um festzustellen, ob das Baby Fieber bekommen hat.

Die Mutter übernimmt eine Reihe von TPM-Aktivitäten, aber was ist, wenn sie überfordert ist? Dann ist es Zeit, den Arzt zu rufen. Die Ärzte sind die Instandhalter, die Spezialisten. Sie kommen und heilen das Baby (die Maschine), wenn die Mutter es nicht wieder gesund machen kann.

Unternehmen können TPM benutzen, um ihre Fertigungsprozesse wieder in Ordnung zu bringen. Die Heilkraft ist vorhanden. Aber wie jede Medizin, die eine Krankheit kuriert, muss sie nach Vorschrift angewandt werden. Bei zu geringer Dosis wird sich der Zustand des Patienten nicht bessern. Zu viel auf einmal ist für den Patienten ebenfalls negativ, was die gute Absicht zunichte macht.

Deswegen sind eine sorgfältige Analyse der heutigen Situation (die Machbarkeitsstudie), ein maßgeschneiderter Entwurf Ihres TPM-Programms und eine gut organisierte und durchgeführte Installation so wichtig.

5

Das Messen der realen Produktivität Ihrer Anlagen

Aufdecken der versteckten Fabrik

In den meisten Fabriken rund um die Welt steckt noch eine weitere, die versteckte Fabrik. Gelegentlich erhält man eine Ahnung davon, wenn die Produktion auf vollen Touren läuft, alles funktioniert und keine Maschine ausgefallen ist. Jetzt wissen Sie, es gibt sie – etwas unter der Oberfläche – Ihre ideale Fabrik, wenn alles so funktionierte, wie es sollte. Sie wünschen, es könnte immer so sein, aber irgendwelche Probleme tauchen auf und die Erscheinung verschwindet wieder, Ihrem Blick verborgen durch die Realität des Fabrikalltags.

TPM ist der Schlüssel, mit dessen Hilfe Sie die verborgene Fabrik erschließen können und – vielleicht – 25 Prozent bis 30 Prozent mehr Kapazität aus Ihrer Fabrik herausholen können. Nun zeige ich Ihnen, wie Sie die heutige Anlagenproduktivität berechnen und das Verbesserungspotenzial bestimmen können.

Die Anlagenproduktivität

Das Maß für die wirkliche Produktivität Ihrer Anlagen ist TEEP (Total Effective Equipment Productivity, totale effektive Anlagenproduktivität).

Dies ist die übergreifende Formel, die sowohl die Anlagenauslastung (Equipment Utilization, EU) als auch die Gesamtanlageneffektivität (Overall Equipment Effectiveness, OEE) einschließt. Die meiste TPM-Literatur betrachtet nur OEE und übersieht dabei die Tatsache, dass eine hohe Auslastung der Anlagen für eine hohe Anlagenproduktivität und -rentabilität (Return on Assets, ROA) erforderlich ist. Sie können Ihre OEE auf Kosten der Maschinenauslastung verbessern, indem Sie alle Umrüstungs- und Instandhaltungsarbeiten während geplanter Stillstandzeiten durchführen. Wenn die Fabrikmanager aber wirklich an guter Anlagen-und Kapazitätsauslastung interessiert sind, ist die TEEP-Formel von höchster Wichtigkeit (Abb. 7).

TEEP (mit der Betonung auf »effektive Produktivität«) schließt die geplante Stillstandzeit ein und ist ein kombiniertes Maß für Anlagenauslastung und die Gesamtanlageneffektivität.

OEE (Brutto-Anlageneffektivität) ist das traditionelle und meistverwendete Maß in TPM. Es zeigt an, was die Anlagen leisten, *wenn sie betrieben werden*. Es ist allerdings kein genaues Maß für die Effektivität der Anlage, da Einrichten, Umrüstvorgänge und die damit verbundenen Einstellarbeiten eingeschlossen werden. Es hat nicht viel mit der eigentlichen Leistung der Anlagen zu tun, spiegelt aber die Anlageneffektivität wider, während die Anlage betrieben wird.

TEEP (Totale effektive Anlagenproduktivität)

= Nutzungsgrad der Anlagen (EU) x
Brutto-Anlageneffektivität (OEE)

OEE (Brutto-Anlageneffektivität)

= Anlagenverfügbarkeit (EA) x
Leistungseffizienz (PE) x
Qualitätsrate (RQ)

NEE (Netto-Anlageneffektivität)

= Zeit der Betriebsbereitschaft (UT) x
Leistungseffizienz (PE) x
Qualitätsrate (RQ)

Abbildung 7: Die drei wichtigsten TPM-Formeln

Eine dritte Formel scheint angebracht, die eindeutig die *wirkliche Qualität und Effektivität der Anlage während ihres Betriebs* widerspiegelt. Es ist die Netto-Anlageneffektivität (Net Equipment Effectiveness, NEE).

Sie schließt nicht nur die geplante Stillstandzeit, sondern auch die Ausfallzeiten für die Einrichtung und die Justierung der Anlagen aus. Diese Formel gibt den wirklichen mechanischen Zustand der Anlage wieder.

Die Ausfälle der Anlagen

Um die drei Indikatoren TEEP, OEE und NEE berechnen zu können, muss man wissen, welche Anlagenverluste es denn gibt. TPM befasst sich mit Anlagenausfällen, welche die Anlageneffektivität beeinträchtigen. Dabei gibt es mindestens fünf Kategorien:

- Einrichten und Justierarbeiten
- Stillstand (Maschinenversagen)
- Leerlauf und kleinere Wartezeiten
- Verringerte Arbeitsgeschwindigkeit
- Prozessfehler (Abb. 8)

In vielen Unternehmen gibt es noch mehr Kategorien, wie zum Beispiel Minderung durch Aufwärmzeiten, Testläufe usw. Diese Verluste oder Minderungen der Anlageneffektivität müssen im Voraus identifiziert und in eine geeignete Formel übertragen werden. Es hat sich nun herausgestellt, dass »reduzierter Ausstoß« oder Anlaufminderung (die Differenz zwischen Anlagenstart und stabiler Produktion), wie sie in anderen Publikationen beschrieben wird, insofern nicht für Messungen geeignet sind, als sie normalerweise aus einer Kombination der oben genannten fünf Verlust- oder Minderungskategorien bestehen, die alle in der Reparatur- oder Anlaufphase einer Anlage auftreten können. Es empfiehlt sich deshalb, die OEE während der Inbetriebnahme der Anlage zu berechnen, und dann erst wieder bei stabiler Produktion. So erhält man schließlich die Ausstoßminderung.

In der Halbleiterindustrie wird der Ausdruck »Ausstoß« für den Anteil (in Prozent) brauchbarer Chips aus einem Wafer (das ist der »Rohling«, aus dem die eigentlichen Chips später herausgeschnitten werden) verwendet. Dieser Ausdruck kann in der OEE-Formel für den Qualitätsbereich verwendet werden. Wie auch immer, hier ist Vorsicht angebracht, denn dies hat keinerlei Bezug zur aktuellen Effizienz der betrachteten Maschine.

Anlagen- verfügbarkeit	Einrichten und Justieren – einschließlich Umrüsten – Programmierung – Testläufe Maschinenversagen – sporadische Ausfälle – chronische Ausfälle
Anlagen- effizienz	Leerlauf und kleinere Ausfälle – Probleme in der Materialzufuhr und andere kurze Stopps – fehlende Teile oder Bedienung – »Blockierung« – Sonstiges Reduzierte Arbeitsgeschwindigkeit – Abnutzung der Anlage – Genauigkeitsprobleme (Toleranzen)
Qualität	Prozessfehler – Ausschuss – Nacharbeit
	Sonstiges – Anlauf der Anlage – Testläufe usw.

Abbildung 8: Anlagenverluste, die man messen kann und muss

Der erste Verlust, der bei Anlagen auftritt, entsteht bereits bei der Einrichtung und Justierung bzw. Einstellung. Wenn Sie eine Maschine einrichten, ist sie außer Betrieb, auch wenn sie nicht defekt ist. Natürlich ist dies ein notwendiger Teil der Produktion, aber da dieses Einrichten variabel und damit reduzierbar ist, ist es auch ein durch die Anlage verursachter Verlust. Da Einrichten und Justieren häufig die größten Anlagenverluste sind, müssen diese genau gemessen werden. Erst dann können Verbesserungen systematisch und sinnvoll entwickelt werden.

Ungeplante Stillstandzeiten (Maschinenversagen) sind der nächste Faktor. Es gibt zwei Arten von Anlagenfehlern: sporadische und dauernde. Sporadische Fehler treten plötzlich auf. Irgendetwas an der Maschine wird defekt. Gewöhnlich ist die Ursache leicht zu finden und das Problem einzukreisen. Solche Fehler treten in der Regel nach der Reparatur nicht mehr auf. Dauernd wiederkehrendes, chronisches Versagen ist bedeutend schwieriger zu handhaben. Irgendwann und unvorhersehbar bleibt die Maschine stehen und man weiß einfach nicht, warum. Sie haben einen Verdacht, aber man kann ihn nicht konkretisieren. Vielleicht beginnt man in der Fabrik sogar, diesen Fehler zu tolerieren. Ein solcher Kompromiss ist sicher nicht die richtige Lösung und unter TPM keineswegs erlaubt.

Diese beiden ersten Verlustfaktoren zeigen sich in der Messung der *Anlagenverfügbarkeit*. In jedem Fall ist die Maschine außer Betrieb und für die Produktion nicht verfügbar.

Die nächsten Verlustfaktoren nennt man auch »versteckte Verlustfaktoren«. Sie werden gewöhnlich nicht als Stillstandzeit gemessen oder aufgezeichnet, da die Instandhaltung gar nicht erst gerufen wird und die Anlage auch nicht außer Betrieb ist. Sie läuft einfach ineffizient.

In diese Kategorie fallen zum Beipiel Leerlauf und kleinere Ausfälle. Der Antrieb der Maschine läuft zwar noch, aber die Anlage produziert nicht. Vielleicht gibt es ein Problem mit der Materialzufuhr oder die folgende Maschine funktioniert nicht und blockiert diese Anlage. Es kann auch sein, dass die Bedienung für ein paar Minuten nicht anwesend ist. Es kann auch sein, dass das Material ausgegangen ist, dass die Maschine dejustiert ist und neu eingestellt werden muss. Es gibt sehr viele Gründe für Leerlauf und kurze Ausfälle.

Diese kleinen Probleme können die Ursache für einige der größten Verluste in der Fabrik sein. In einer Elektronikfabrik in Asien testete einmal eine Mitarbeiterin elektronische Bauteile. Diese wurden der Maschine durch einen Teilekanal zugeführt. Die Maschine stoppte sehr häufig (aufgrund eines Problems in der Materialzuführung), und die Mitarbeiterin nahm einen großen Zahnstocher, um die Stauung zu beheben und die Maschine wieder in Gang zu setzen. Sie brauchte nur vier

Sekunden, um das Problem zu beheben – allerdings drei Mal in der Minute. Das sind 12 Sekunden oder sage und schreibe 20 Prozent der Produktionszeit. Summiert über eine komplette Acht-Stunden-Schicht ergibt sich ein beträchtlicher Verlust an Produktivität.

Probleme in der Materialzuführung (Stauungen) treten in jeder Darstellung von Leerlauf und kurzen Ausfällen deutlich hervor und sind oft Hauptursache für einen hohen Anteil an Produktivitätsverlust. Trotzdem sind die Ursachen für Probleme dieser Art relativ leicht zu beheben.

Reduzierte Arbeitsgeschwindigkeit ist der vierte Hauptfaktor für Produktivitätsverluste. Ihre Ursache sind meistens schlecht gewartete, abgenutzte oder verschmutzte Anlagen. Andere Gründe können zum Beispiel schlechte Fehlerbehebung während der Inbetriebnahme, defekte Mechanik oder Systemkomponenten, Schwächen im Design und ungenügende Genauigkeit der Anlage sein.

Die letzten beiden Verluste werden durch die *Leistungseffizienz* dargestellt. Die Maschine ist jedenfalls nicht außer Betrieb, sondern arbeitet nur auf niedrigerem Niveau.

Der fünfte Anlagenverlust sind die Prozessfehler. Wenn ein Teil ausgestoßen wird oder überarbeitet werden muss, geht Produktionszeit verloren. Dieser Verlust ist, verglichen mit anderen wesentlichen Anlagenverlusten, relativ klein. Wie auch immer, in der heutigen Welt »totaler Qualität« kann man keine Verwürfe, erst recht nicht diejenigen, die von Maschinen verursacht werden, zulassen. Wenn die Anlagen unter TPM dann verbessert und intensiver instandgehalten werden, reduzieren sich auch typischerweise die Qualitätseinbußen. Trotzdem müssen die Ursachen für jede Qualitätseinbuße untersucht und das entsprechende Anlagenproblem behoben werden. Dieser Produktivitätsverlust wird gewöhnlich als Maßstab für die Qualität verwendet.

Wie vorher schon diskutiert, gibt es viele Ausfallmöglichkeiten in Ihrer Fabrik. Im Rahmen einer Machbarkeitsanalyse sind sie zu identifizieren und in Ihr Kalkül miteinzubeziehen.

Indem man jede dieser möglichen Produktivitätseinbußen genau ermittelt, erhält man die Bruttoeffizienz (OEE) und die Nettoeffizienz (NEE) seiner Anlagen. Ohne eine saubere Bestimmung und Quantifizierung dieser Anlagenverluste wird es sehr schwierig, ein effektives und maßgeschneidertes TPM-Programm einzurichten.

Berechnung der Anlageneffizienz

Wenn nun all diese Verluste bekannt sind, kann man seine Anlageneffizienz Schritt für Schritt berechnen. Die Abbildungen 9 und 10 zeigen das Verfahren und ein typisches Beispiel.

Ihre Anlagen befinden sich 24 Stunden am Tag in Ihrer Fabrik. Deshalb setzen Sie bitte die insgesamt verfügbare Zeit mit 1.440 Minuten (= 24 Stunden) an. Die Firma, die dieses typische Beispiel liefert, arbeitet in zwei Schichten. Subtrahieren Sie deshalb 480 Minuten (= 8 Stunden) für einen Zweischichtbetrieb. Subtrahieren Sie dann die Dauer des geplanten Maschinenstillstands, die auch Pausen und Mahlzeiten für die beiden anderen Schichten berücksichtigt, außerdem die geplanten Instandhaltungszeiten und andere geplante Stillstandzeiten wie Besprechungen und nicht geplante Produktion. Diese Berechnung ergibt Ihre prozentuale Anlagennutzung (60,4 Prozent).

Die verbleibende Zeit nach Abzug der ungenutzten Anlagenzeit, auch Laufzeit genannt, beträgt 870 Minuten. Hier startet nun die OEE-Berechnung, denn jetzt kommen die aktuellen Verluste der Anlagen ins Spiel. Zunächst berechnet man die Zeit, die für die Maschineneinrichtung (also Umrüstung und Justierung) benötigt wird (70 Minuten). Das ergibt schließlich die *geplante Verfügbarkeit* (92,0 Prozent), ein Teil der Anlagenverfügbarkeit.

Die Zeit, die nach Abzug der Einrichtzeit verbleibt, ist die Betriebszeit. An diesem Punkt beginnt die Berechnung der Netto-Anlageneffizienz (NEE). Dabei wird der Zeitbetrag für ungeplanten Maschinenstillstand aufgrund von Maschinenversagen bestimmt, woraus sich der Anteil (in Prozent der Betriebszeit) für die betriebsbereite Anlage ergibt. Leider ist dies oft die *einzige* Zahl, die dem Fabrikmanager gemeldet wird, was einen völlig falschen Eindruck von der realen Situation der Produktionseinrichtungen vermittelt, da hier nur eine einzige Verlustart berücksichtigt wird.

Fabrik- und Produktionsmanager sind deshalb oft völlig verblüfft, wenn sie die wirklichen OEE-Zahlen nach einer TPM-Machbarkeitsanalyse erfahren. Die Zeit der Betriebsbereitschaft ist ein Teil, aus dem sich die Anlagenverfügbarkeit zusammensetzt. Die *Verfügbarkeit* der Anlage ist das Produkt aus geplanter Verfügbarkeit (92,0 Prozent) und der Zeit der Betriebsbereitschaft (93,7 Prozent), Ergebnis 86,2 Prozent! Sie erhalten dasselbe Ergebnis, wenn Sie die Betriebszeit (750 Minuten) durch die Laufzeit (870 Minuten) in Prozent ausdrücken.

Als Nächstes berechnen wir den Index für die Leistungseffizienz. Wir beginnen mit der Nettobetriebszeit, woraus wir zunächst die Leerlaufzeit und die Zeit für kurze Ausfälle (insgesamt 240 Minuten) ableiten können,

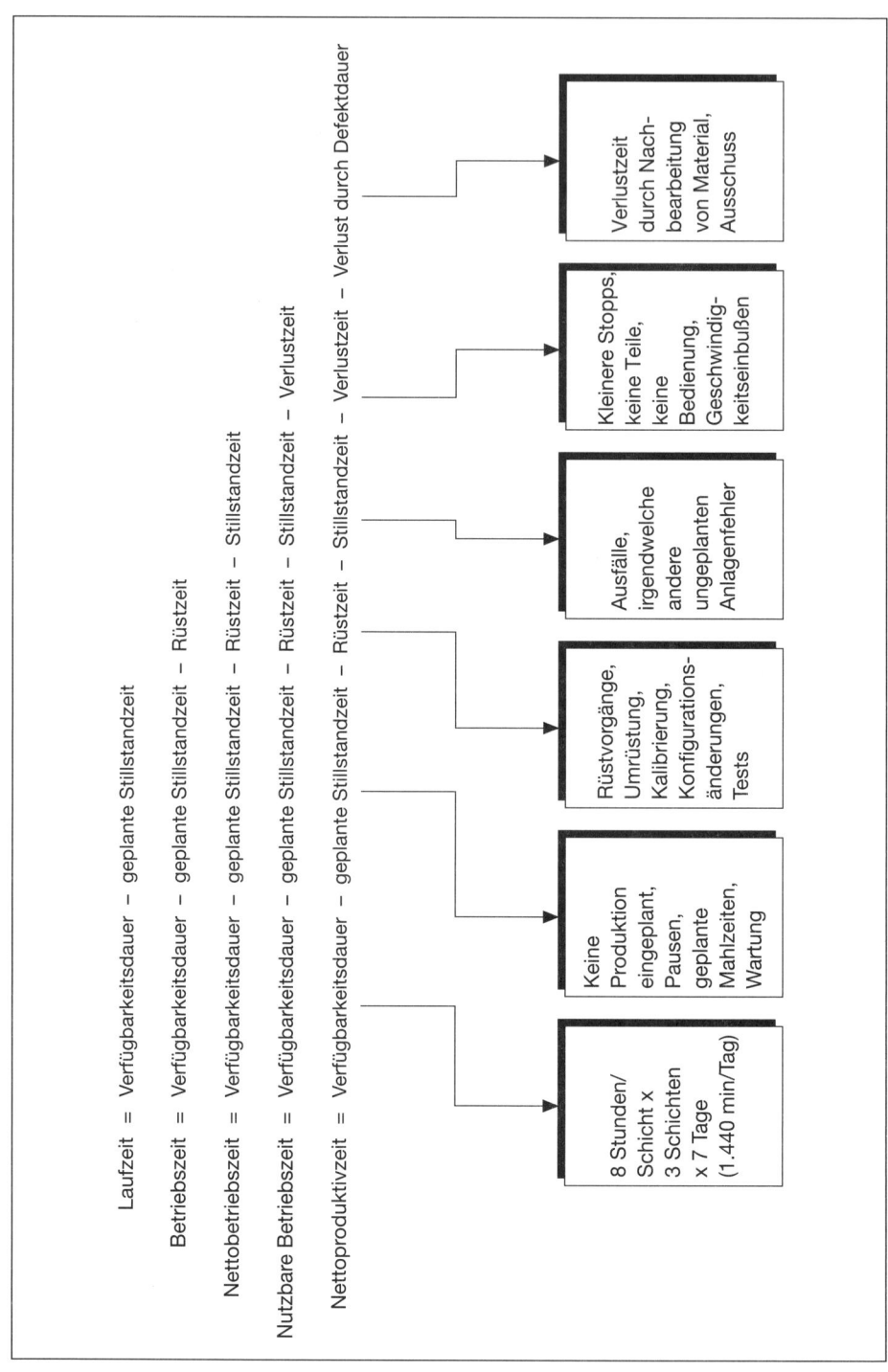

Abbildung 9: Definitionen der Berechnungen des Anlagenverlusts

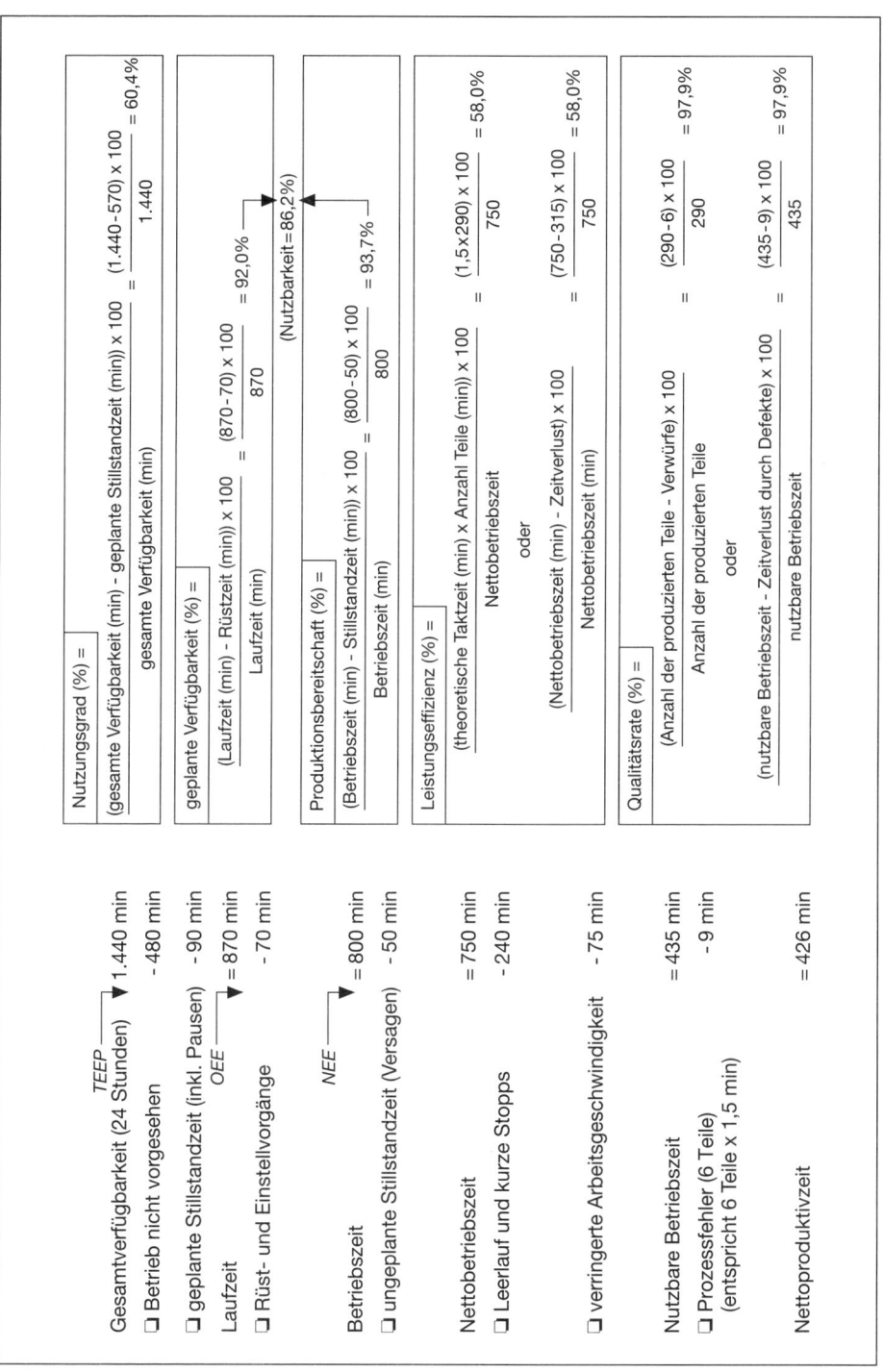

Abbildung 10: Rechenbeispiel

dann die Einbußen durch Minderung der Arbeitsgeschwindigkeit. Diese versteckten Verluste werden gewöhnlich weder gemessen noch berichtet, da die Anlagen ja nicht stillstehen. Normalerweise wird das Bedienungspersonal aktiv, wenn es darum geht, eine Maschine wieder in Gang zu setzen, oder die Maschine startet selbsttätig wieder. Dabei bilden gerade diese versteckten Verluste, so hat man herausgefunden, bei Weitem den größten Anteil aller Verluste!

Ähnlich ist die Situation bei der Minderung der Arbeitsgeschwindigkeit. Häufig wird die Arbeitsgeschwindigkeit einer Maschine, deren Zustand sich langsam verschlechtert, verringert, um Teiletoleranzen noch berücksichtigen zu können, oder die Maschine ist einfach nicht mehr in der Lage, schneller zu laufen. Normalerweise schleichen sich diese Geschwindigkeitsverluste allmählich ein, und niemand bemerkt sie außer dem Bedienungspersonal selbst, woraus der zweite »versteckte Verlust« folgt. Darüber hinaus werden Verluste in der Arbeitsgeschwindigkeit selten gemessen. Oft sind die theoretische Taktzeit oder die Sollarbeitsgeschwindigkeit nicht einmal bekannt.

Um nun die Leistungseffizienz zu berechnen, leitet man den Zeitverlust durch Leerlauf und kleinere Ausfälle sowie die Verluste in der Arbeitsgeschwindigkeit (der Geschwindigkeitsverlust muss hierzu noch von Prozent in Minuten umgerechnet werden) aus der Nettobetriebszeit ab und vergleicht das Ergebnis der resultierenden Betriebszeit mit der Nettobetriebszeit (58,0 Prozent).

Eine andere Formel (nach Nakajima) ist die theoretische Taktzeit multipliziert mit der Anzahl von Teilen, die während der Nettobetriebszeit produziert werden. Es hat sich herausgestellt, dass diese Formel oft schwierig anzuwenden ist. Manchmal ist die theoretische Taktzeit unbekannt oder es laufen verschiedene Produkte mit unterschiedlicher Taktzeit auf derselben Maschine, was wiederum die Anwendung der Formel erschwert. Die Verlustzeit in Minuten während des Beobachtungszeitraums in der Formel anzuwenden, ist erheblich einfacher.

Die letzte Berechnung dient der Bestimmung der *Qualitätsrate*. Der Zeitverlust aufgrund defekter oder zu überarbeitender Teile wird aus der nutzbaren Betriebszeit abgeleitet und ergibt die Nettoproduktivzeit. Dieses Ergebnis wird dann mit der nutzbaren Betriebszeit verglichen und ergibt die Qualitätsrate (97,9 Prozent).

Der Vorteil dieses Verfahrens liegt darin, dass für alle Berechnungen nur eine Maßeinheit (Minuten) verwendet wird, was zum Beispiel die Programmierung eines Computers, der dann alle Berechnungen schnell ausführen kann, sehr erleichtert. Die andere Formel verwendet die Anzahl der Verwürfe und den resultierenden Nettobetrag guter Teile, vergleicht diese mit der Gesamtzahl der produzierten Teile und ergibt schließlich das gleiche Resultat.

Woher kommen nun obige Zahlen? Ein Team von Mitarbeitern muss sie durch Beobachtung ermitteln, und zwar im Rahmen der Machbarkeitsstudie, dem ersten Schritt, bevor Sie TPM in Ihrer Fabrik installieren können. Die Verwendung mechanischer oder mit Computerunterstützung gewonnener Messergebnisse ist nicht ratsam, da es sehr schwierig wird, die exakten Verlustdaten hierbei herauszuarbeiten.

Die Beobachter müssen sich eben auf solche Dinge wie Einrichtzeit, Justierung, Maschinenversagen, Leerlauf und kleinere Unterbrechungen konzentrieren. Die Qualitätsrate wird dabei gewöhnlich durch den Vergleich der Anzahl der Verwürfe mit der Gesamtzahl der produzierten Teile bestimmt. Verluste durch Verringerung der Arbeitsgeschwindigkeit der Maschine werden oft in Prozent der optimalen Arbeitsgeschwindigkeit ausgedrückt.

Aus dieser Kontrollbeobachtung ergibt sich ein roter Faden durch die aktuelle Effektivität Ihrer Anlagen. Weitere Daten können die Beobachtung noch ergänzen. Diese Analyse wird auch diejenigen Bereiche herausarbeiten, in denen die größten Probleme und damit die größten Verbesserungspotenziale liegen. Das verschafft Ihnen die Möglichkeit, Ihre Anstrengungen auf diejenigen Verbesserungen zu konzentrieren, die Ihnen den größten betrieblichen Nutzen verschaffen.

Die Anwendung der Formeln

Jetzt sind Sie in der Lage, die ermittelten Zahlen in den drei Formeln zur Anlageneffektivität anzuwenden (Abb. 11). Das Fabrikmanagement sollte seine TPM-Ziele konform zu diesen Ergebnissen formulieren.

Um die totale effektive Anlagenproduktivität (TEEP = Total Effective Equipment Productivity) in unserem Beispiel zu bestimmen, multipliziert man die Anlagennutzung (60,4 Prozent) mit der Anlagenverfügbarkeit (86,2 Prozent), mit der Leistungseffizienz (58,0 Prozent) und mit der Qualitätsrate (97,9 Prozent) – und erhält nur 29,6 Prozent! Dasselbe Ergebnis kommt heraus, wenn man die Nettoproduktivzeit (426 Minuten) in Prozent der Gesamtverfügbarkeit (1.440 Minuten) ausdrückt. Letzteres kann man als den Nettozeitbetrag (in Prozent) verstehen, in dem die Anlage *tatsächlich* gute Teile produziert.

OEE berechnet sich genauso. Nur wird hier die Anlagennutzung nicht berücksichtigt. Es ergeben sich somit 49,0 Prozent für OEE. Diese Zahl repräsentiert den Wirkungsgrad der Anlagen während der Betriebszeit.

TEEP (Totale effektive Anlagenproduktivität):

= Nutzung x Verfügbarkeit x Leistungseffizienz x Qualitätsrate
= 60,4 Prozent x 86,2 Prozent x 58,0 Prozent x 97,9 Prozent x 100
= 29,6 Prozent

      oder
      (426:1.440) x 100 = 29,6 Prozent

OEE (Brutto-Anlageneffektivität):

= Verfügbarkeit x Leistungseffizienz x Qualitätsrate
= 86,2 Prozent x 58,0 Prozent x 97,9 Prozent x 100 = 49,0 Prozent

      oder
      (426:870) x 100 = 49,0 Prozent

NEE (Netto-Anlageneffektivität):

= Zeit d. Betriebsbereitschaft x Leistungseffizienz x Qualitätsrate
= 93,7 Prozent x 58,0 Prozent x 97,9 Prozent x 100 = 53,2 Prozent

      oder
      (426:800) x 100 = 53,2 Prozent

Abbildung 11: Anlagenproduktivitäts- und Leistungsberechnungen

Dieselbe Zahl erhält man, wenn man die Nettoproduktivzeit (426 Minuten) in Prozent der Laufzeit (870 Minuten) ausdrückt.

Die Netto-Anlageneffektivität (NEE) wiederum schließt die Einrichtungs- und Umrüstzeiten aus. Man multipliziere die Zeit der Betriebsbereitschaft (93,7 Prozent) mit der Leistungseffizienz und der Qualitätsrate. Das spiegelt die wirkliche Qualität Ihrer Produktionseinrichtungen wider (53,2 Prozent).

Leider sind diese Zahlen in diesem Beipiel für die meisten Produktionsanlagen sehr realitätsnah. Sogar in relativ neuen Fabriken! In den meisten Fällen erreicht man nicht im entferntesten, was die Anlagen leisten könnten.

Basierend auf den Zahlen für die eigene Fabrik, hat man nun die Wahl. Viele Unternehmen planen eine dritte Schicht ein, um den Ausstoß zu erhöhen. Das erhöht den Nutzungsgrad in der Formel von 60 Prozent auf 90 Prozent. Aber es gibt noch eine andere Möglichkeit. Neue Mitarbeiter einzustellen, die dann die dritte Schicht besetzen, ist ein sehr teurer Weg, und dabei hat man immer noch nicht die Stillstandzeit für seine geplante Instandhaltung eingeplant. Stattdessen kann man sich darauf konzentrieren, die Anlageneffektivität (OEE) von 49 Prozent auf etwa 75 Prozent zu erhöhen. Unter dieser Voraussetzung erreicht man mit zwei Schichten das Gleiche (50 Prozent Ausstoßerhöhung) wie mit drei – zu weitaus weniger Kosten!

TPM ist ein datenorientierter Ansatz. Managen Sie Ihre Anlagen und Ihre Verbesserungsaktivitäten aufgrund der Daten, die aus der Machbarkeitsanalyse und späteren Nachmessungen hervorgegangen sind! Es ist wichtig, eine Grundlinie zu haben, mit der man stets die Verbesserungsmöglichkeiten vergleichen kann. Wenn man die Formeln für TEEP, OEE und NEE verwendet, bekommt man diejenigen Zahlen, die das Management der Produktionsanlagen und des Betriebs ermöglichen. Man sollte seine Messungen fortsetzen, sodass man stets die Fortschritte mit der Situation zum Startzeitpunkt des Projekts vergleichen kann.

Die OEE-Ziele

Was sollte ein gutes TPM-Programm leisten? Viele Weltklasseunternehmen erreichen 85 Prozent Gesamtanlageneffektivität nach einer erfolgreichen TPM-Installation (Abb. 12). Die *Anlagenverfügbarkeit* sollte bei 90 Prozent liegen. Wenn wir das vorige Beispiel verwenden, erfordert dieser Prozentsatz lediglich eine Steigerung von 4 Prozent. Die *Qualitätsrate* sollte bis auf 99 Prozent erhöht werden, ungefähr 1 Prozent oberhalb des dargestellten Beispiels. Die *Leistungseffizienz* muss aber von 58 Prozent

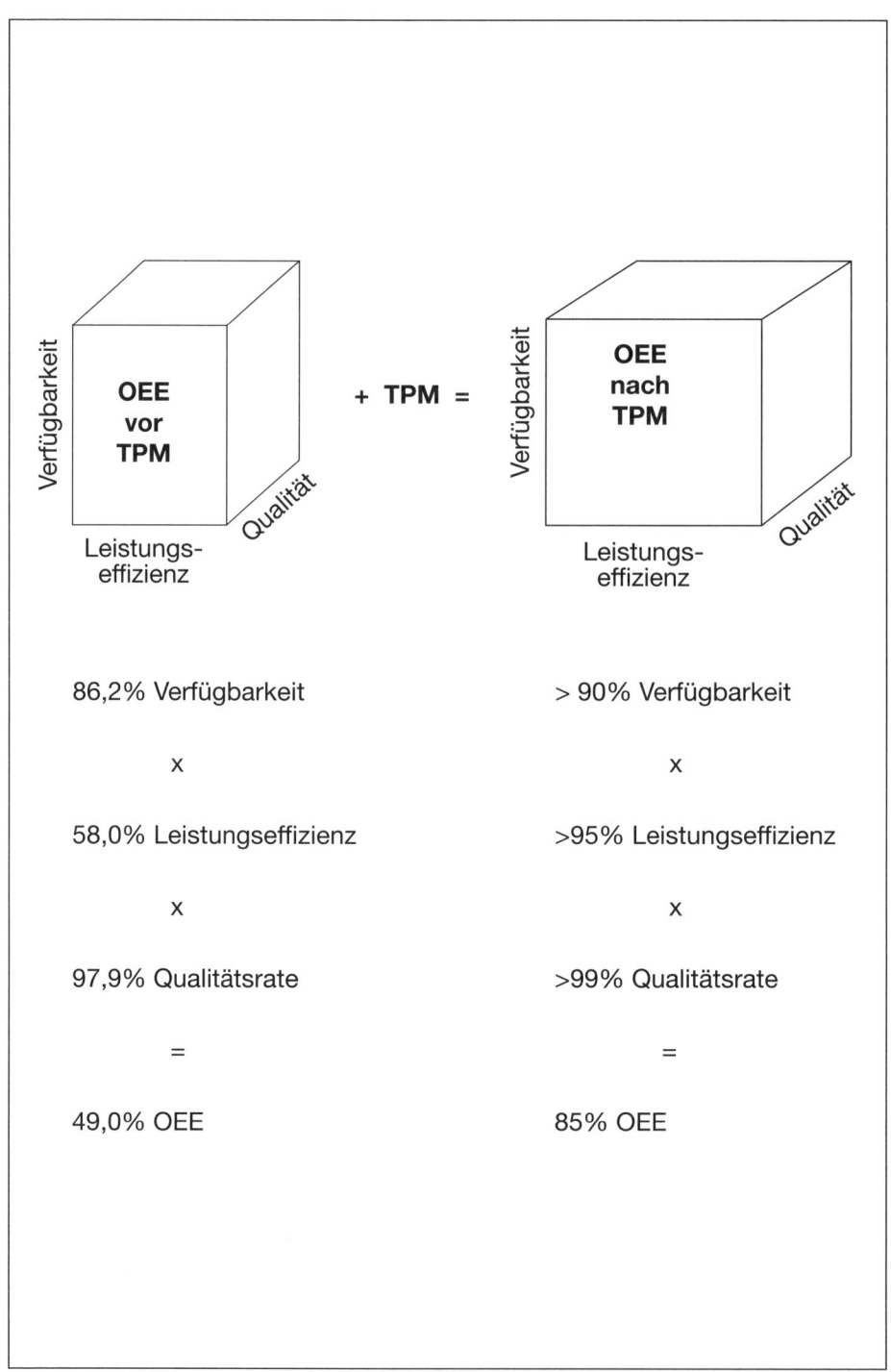

Abbildung 12: Der kumulative (kubische) Effekt von TPM auf die Anlageneffektivität

auf über 95 Prozent gesteigert werden. Offensichtlich gibt es hier eine große Verbesserungschance. Und was drückt die Leistungseffizienz nach unten? Leerlauf, kurze Stopps und die Minderung der Arbeitsgeschwindigkeit – die versteckten Verluste! Typischerweise liegt die Ursache für eine Ineffizienz der Anlagen in diesen Bereichen. Wenn Sie diese Faktoren untersuchen, werden Sie eine Menge Überraschungen erleben. Aber hier haben wir den Bereich mit dem größten Potenzial für Produktivitätsgewinne.

Ein neues OEE von 85 Prozent bedeutet eine Steigerung der Produktivität um 73,5 Prozent, wenn man das obige Beispiel als Grundlage nimmt. Ein Ergebnis dieser Größenordnung lässt sich in der Regel nicht für eine ganze Fabrik verwirklichen. Man kann so etwas nur mit einigen Maschinen erreichen. Allerdings wurde von manchen Unternehmen, die TPM erfolgreich betreiben, eine Steigerung der Produktivität um 50 Prozent gemeldet. Erreicht wurde dies in erster Linie durch Verbesserungen in der Anlageneffizienz und durch Verringerung der Verluste durch die Einrichtung (Umrüsten und Justieren) der Anlagen.

So setzen Sie Ihre Prioritäten

Die Zahlen, die man durch die Machbarkeitsanalyse erhält, helfen, die Prioritäten für das TPM-Projekt zu setzen. Sehr wenige Unternehmen besitzen die Ressourcen, um all ihre Maschinen und *alle* Produktionslinien zur gleichen Zeit zu verbessern. Normalerweise gibt es dabei Einschränkungen durch die Personalkapazität und durch das verfügbare Budget. Es ist deshalb sehr wichtig, die Ressourcen klug einzusetzen und die richtigen Prioritäten zu setzen, damit man einen schnellen Rückfluss der Investitionen und einen messbaren Anstieg des *Durchsatzes* erhält. Die hier gezeigten Berechnungen werden Ihnen helfen, die richtigen Entscheidungen zu treffen. Mit einer umsichtigen Planung erhalten Sie ein Maximum an Produktivität durch die Ressourcen, die Sie in das Programm investieren.

6

Machen Sie die TPM-Installation maßgeschneidert für Ihr Unternehmen

Die TPM-Strategie

TPM ist weit mehr als ein Programm für die Instandhaltung. Es ist ein Programm zur Verbesserung des Managements der betrieblichen Anlagen. Diese Betonung bedeutet einen großen Unterschied in der Art, wie Sie die TPM-Installation angehen.

TPEM, der Prozess der TPM-Installation, wie er vom Internationalen TPM-Institut bevorzugt wird, wird von den Mitarbeitern leichter akzeptiert, wenn man ihn als Anlagenmanagement einführt. Wenn man sagt, man wolle ein Programm zur Instandhaltung installieren, wird die Fertigung wahrscheinlich nicht so interessiert sein und die Instandhaltungsabteilung wird sich darüber beschweren, dass Sie sich in ihre Angelegenheiten einmischen.

Andererseits befasst sich jeder mit Anlagenmanagement. Das Bedienungspersonal, die Instandhalter, Ingenieure, Meister und das Management, alle managen Anlagen. Auf diese Weise erreichen Sie, dass sich jeder mit Anlagenmanagement und dem Instandhaltungsprogramm befasst.

Die Bausteine von TPEM

Die Bausteine von TPEM heißen TPM-AM, TPM-PM und TPM-EM (Abb. 13). Wenn man seine aktuelle OEE analysiert und die Ziele gesetzt hat, so ist man in der Lage, diese Werkzeuge in der richtigen Weise und Reihenfolge anzuwenden, um die betrieblichen Anlagen zu verbessern und zu managen.

Bevor wir uns mit diesen drei Bausteinen in eigenen Kapiteln detaillierter befassen, verschaffen wir uns hier einen grundlegenden Überblick. Dies hilft, die verfügbaren Möglichkeiten zu verstehen, und erleichtert die Entwicklung eines individuell ausgelegten TPM-Plans.

Autonome Instandhaltung und der kleine Unterschied zu Japan

TPM-AM (autonome Instandhaltung) unterscheidet sich gewöhnlich von der japanischen Variante, und zwar insbesondere dadurch, dass in TPEM jede Fabrik dazu ermutigt wird, ihren eigenen funktionierenden Ansatz für die autonome Instandhaltung zu entwickeln. Die Betonung liegt auf der *Teilnahme* des Bedienungspersonals in der Durchführung der Anlageninstandhaltung (speziell mit PM), den Inspektionen und schließlich in der einigermaßen selbstständigen Durchführung ganz bestimmter Wartungsaktivitäten. Es bedeutet *nicht* die autonome Durchführung der Instandhaltung durch die Produktion (nicht einmal in Japan).

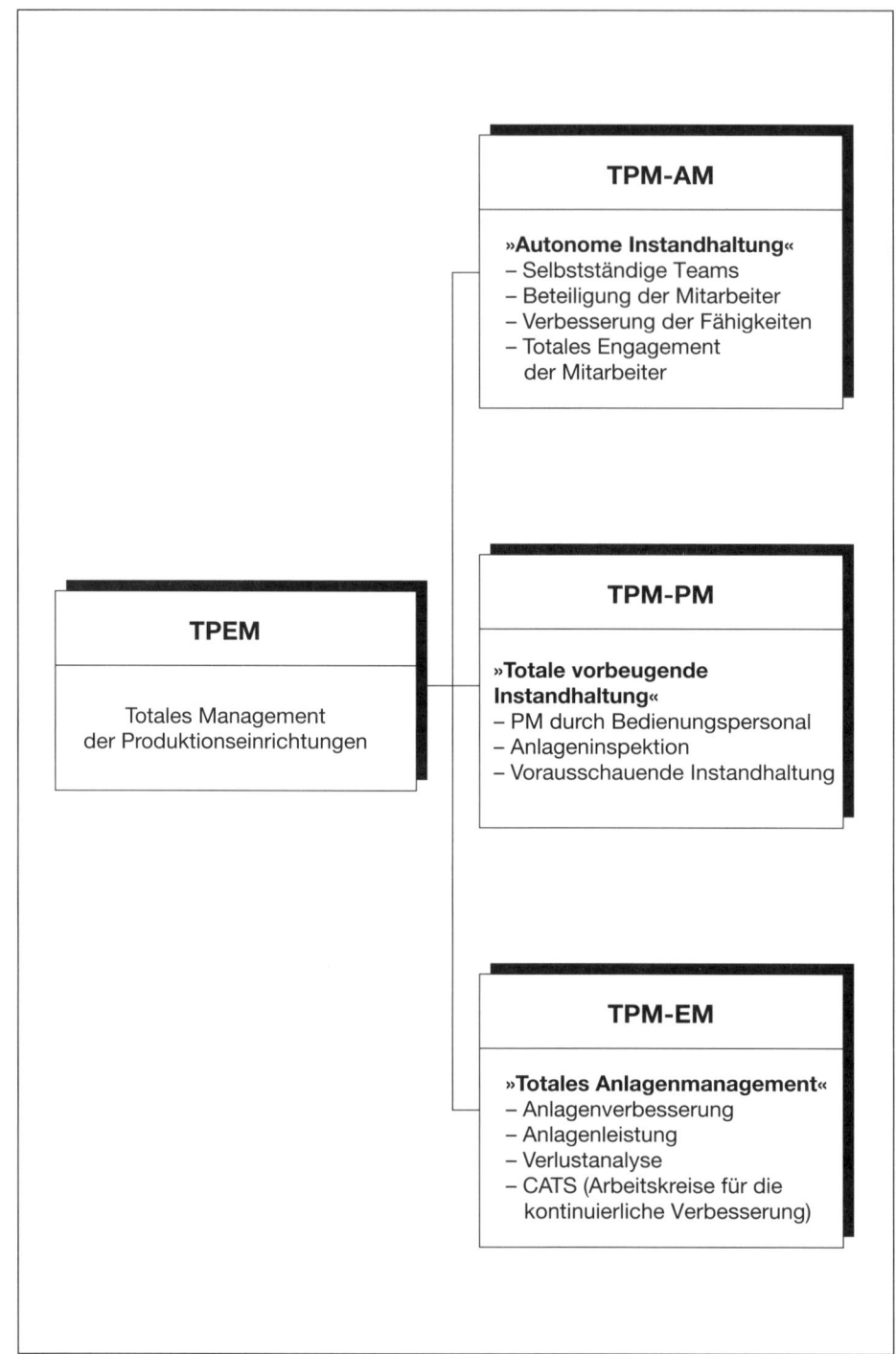

Abbildung 13: Bausteine von TPEM

Während der Installation der autonomen Instandhaltung, die übrigens bei TPEM *nicht* unbedingt zuerst erfolgen muss, wird das Maschinenpersonal darin geschult, diejenigen Wartungs- und Inspektionsarbeiten durchzuführen, für die es motiviert und geeignet ist. Schulung und Know-how-Transfer sind daher ein Gütezeichen der autonomen Instandhaltung. Wie die Abbildung 14 zeigt, gibt es für die Schulung des Bedienungspersonals in TPEM verschiedene Stufen.

Der Maschinenbediener ohne Schulung, ohne Identifizierung mit der Anlage und ohne ausreichende Instandhaltungskenntnisse wird in den meisten »Weltklasseunternehmen« rund um die Welt zum Relikt der Vergangenheit. Aus diesem Grund sollte das *gesamte* Bedienungspersonal eine Schulung erhalten, um sich grundlegende Anlagenkenntnisse und Wartungsfähigkeiten anzueignen. Dieses Niveau des Bedienungspersonals kann man technisches Bedienungspersonal 1 (TO/1) nennen, was etwa mit einer Qualifikation auf dem Niveau einer weiterführenden Schule vergleichbar wäre. Offensichtlich muss jeder Produktionsbetrieb selbst ermitteln, was in das Schulungsprogramm miteinbezogen werden soll, und seinen eigenen Schulungs- und Zeitplan entwickeln.

Die nächste Stufe des Trainings ist das »spezifische Training«. Die *meisten* Anlagenbediener sollten diese Stufe unbedingt durchlaufen. Es vermittelt spezielle Kenntnisse und spezifische Instandhaltungsfähigkeiten in Bezug auf ihre Maschinen. Wie zuvor müssen auch hier der Trainingsinhalt, der Plan und der Zeitablauf erarbeitet werden. Bedienungspersonal, das dieses Niveau erreicht hat, kann TO/2 genannt werden und sollte auch für eine höhere Gehaltsstufe nach der Devise »zahlen für Know-how« qualifiziert sein. Es empfiehlt sich, die Mitarbeiter für jede Qualifikationsstufe zu zertifizieren.

Die höchste Stufe der Schulung ist die Fortgeschrittenenstufe. Hierfür sind nur *einige wenige* Mitarbeiter qualifiziert. Sie werden die Spezialisten und erhalten höchstmögliche Anlagenkenntnisse und Wartungsfähigkeiten. Sie können die Führung in Rüst- und Einstellangelegenheiten übernehmen, einschließlich der Programmierung komplexerer Anlagen.

Innerhalb von Bedienerteams gibt es nun eine Mischung von Fähigkeiten. Jeder beherrscht die Grundlagen, die einen gehen geschickt mit den Werkzeugen um, andere können Anlagenprobleme erkennen und analysieren sowie Lösungen entwickeln, wieder andere sind in der Lage, Rüst-, Einstell- und Programmierarbeiten an den Anlagen durchzuführen. Das ist die Macht des Teamwork bei TPM, sie führt zu weit höherer Selbstständigkeit und stärkerem Engagement der Mitarbeiter im Rahmen des Anlagenmanagements.

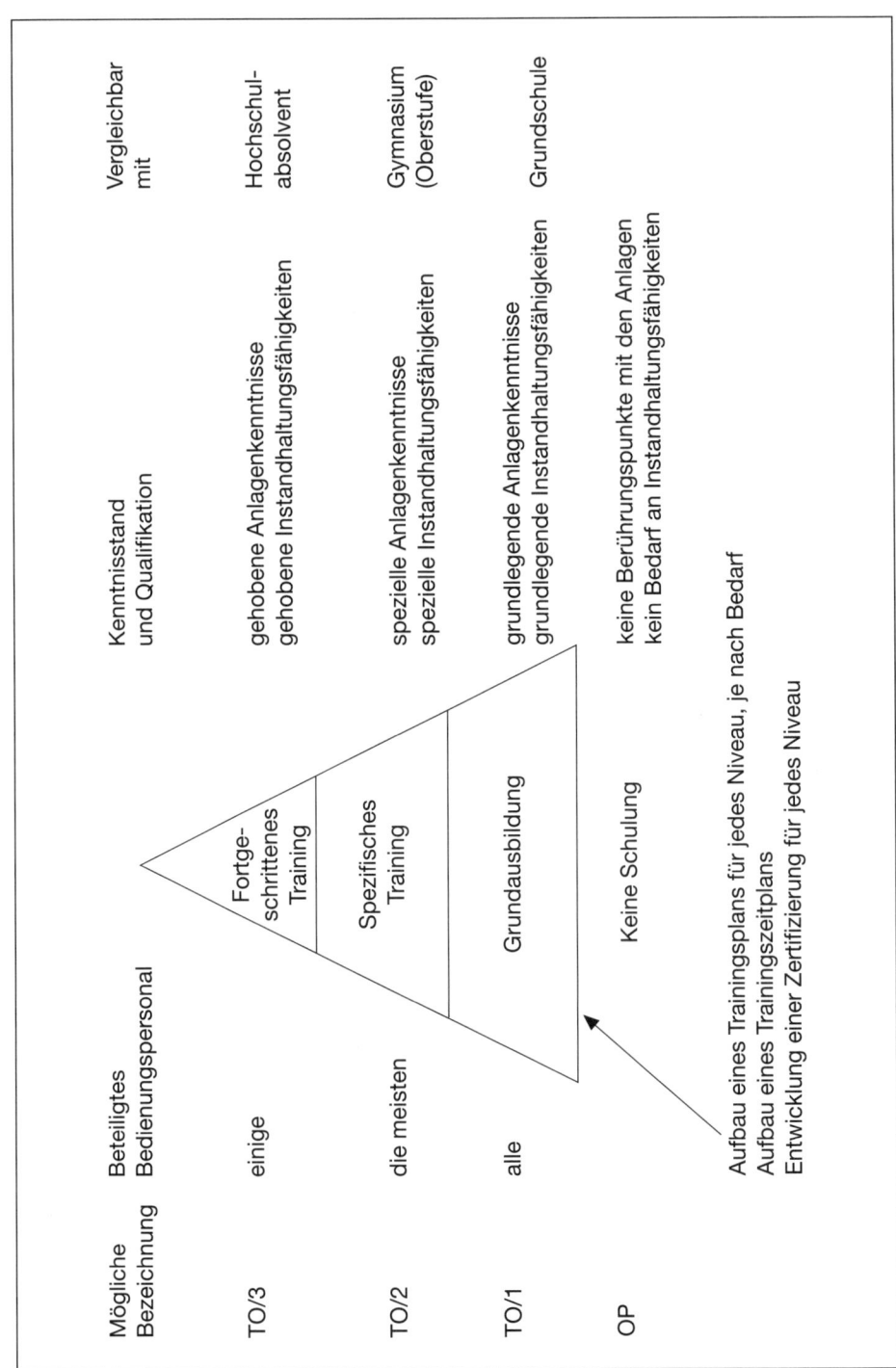

Abbildung 14: Bedienerschulung im Rahmen des TPM-AM

Ein bisschen Vorbeugen ist nicht genug

TPM-PM legt den Schwerpunkt auf vorbeugende und vorausschauende Instandhaltung. Hier versagen die meisten Firmen. Eine kürzlich durchgeführte Studie ergab, dass über 95 Prozent aller westlichen Firmen PM nicht ordnungsgemäß durchführen. Sie sind hinter dem Zeitplan, verschieben oder stornieren zu viele PM-Aktivitäten, besitzen kein vollständiges Checklistensystem, keine Arbeitsanweisungen und Zeitpläne für PM und haben manchmal nicht einmal PM-Personal definiert. Darunter sind einige der bekanntesten Unternehmen in der Welt und eine Menge Hightech-Firmen, die teure Produktionsanlagen betreiben.

Warum haben die meisten Firmen rund um die Welt so viele Probleme mit PM? Es liegt hauptsächlich daran, dass sie sich darauf beschränken, Feuer zu löschen, also zu reagieren, wenn die Anlage bereits versagt hat. PM, das eigentlich für heute geplant war, wird auf morgen verschoben; es passiert ja nichts. Morgen wird es wieder genauso sein, und PM fällt immer weiter zurück. Bevor Sie sich versehen, sind Sie schon im nächsten Zyklus, und PM kam nie zum Zug.

Da die meisten Unternehmen so viele Probleme mit der Durchführung von PM haben, herrscht ein vitaler Bedarf an einer *alternativen Lösung*, um einen höheren Prozentsatz der notwendigen PM-Aufgaben auszuführen. Es gibt zwei Möglichkeiten: Die Instandhaltung kann ihr PM-System verbessern (was wahrscheinlich mit einer Personalaufstockung verbunden ist); oder das Anlagenpersonal nimmt an PM teil, reinigt und inspiziert seine Anlagen. Wenn die Mitarbeiter sich nun mehr mit ihrer Maschine befassen, fangen sie typischerweise an, nach mehr Beteiligung an den PM-Aktivitäten zu fragen. Natürlich ist das oberste Ziel die Beseitigung von Maschinenausfällen, wodurch wieder mehr freie Zeit für Aktivitäten im Rahmen der PM und für die Anlagenverbesserung zur Verfügung steht.

Vorausschauende Instandhaltung (PDM) ist eine andere Geschichte. Es ist nicht zu erwarten, dass das Anlagenpersonal in der Lage ist, sehr viel vorausschauende Instandhaltung durchzuführen. Es erfordert den Einsatz sehr anspruchsvoller Geräte und einen Ausbildungsstand, den die meisten Unternehmen dem Maschinenpersonal weder geben können noch wollen. Wenn man aber dem Anlagenpersonal mehr vorbeugende Instandhaltung überträgt, gewinnt das eigentliche Instandhaltungspersonal mehr Zeit für vorausschauende Instandhaltung.

Die Verbesserung Ihrer Anlagen

Die dritte Komponente ist TPM-EM, Anlagenmanagement/Anlagenverbesserung. Das Ziel ist, die Leistung und die Verfügbarkeit der Anlagen zu verbessern und damit auch die Qualität des erzeugten Produkts durch die Verbesserung der Anlage selbst. Abhängig vom Zustand und vom Alter der Anlage kann dies schon ein größeres und teueres Projekt sein. Aber nach aller Erfahrung ist diese Aufgabe aufgrund des hohen Kapitalrückflusses und der enormen Steigerungen der Produktivität eine *sehr wichtige und frühe TPM-Aktivität.*

Die Beteiligung der Maschinenbediener, welche die Maschinen Tag für Tag betreiben, an der Gruppenarbeit zusammen mit den Instandhaltern, den Meistern und Ingenieuren und manchmal auch den Herstellern ist das Schlüsselelement dieser Aufgabe. Normalerweise ist das Anlagenpersonal ganz aufgeschlossen und auch motiviert, sich an EM zu beteiligen, da es sich eine Verbesserung »seiner« Maschine verspricht. Es ist manchmal ganz überraschend, wie viel die Arbeiter zum gesamten Prozess beitragen.

TPM-EM erfordert beträchtliche Zeit für die Problemanalyse und für die Schulung in Bezug auf Problemlösungen. Aber man erhält geradezu spektakuläre Ergebnisse, wenn man so etwas sauber organisiert und handhabt. Außerdem führt der große und frühe Erfolg dieses Projekts dazu, dass sich die Mitarbeiter an den Anlagen gerne auch an anderen TPM-Aktivitäten beteiligen.

Die Strategie der TPM-Installation

Wie geht man bei der TPM-Installation nun vor? Geschehen AM, PM und EM zur selben Zeit? Welches ist die richtige Reihenfolge für den guten Start einer erfolgreichen TPM-Installation? Die Antwort: Es hängt von verschiedenen Faktoren ab. In westlichen Unternehmen ist ein häufiger Ansatz – speziell in gewerkschaftlich organisierten Fabriken – mit EM zu beginnen, dann folgen PM und schließlich AM.

Der Grund für dieses Vorgehen ist gesunder Menschenverstand. Wie vorher schon ausgeführt, hat niemand etwas gegen Anlagenmanagement. Wenn man aber mit autonomer Instandhaltung beginnt, riskiert man Widerstand, nicht nur durch das Anlagenpersonal, das zur Instandhaltung keine Beziehung besitzt und schon gar nicht zur »autonomen Instandhaltung«, sondern auch durch das Instandhaltungspersonal, das vielleicht nicht bereit ist, Kompetenzen an das Anlagenpersonal abzugeben.

Dadurch dass sowohl Instandhaltungs- als auch Anlagenpersonal in die Gruppenbesprechungen zur Anlagenverbesserung einbezogen werden, legt man die Last auf beide Schultern. Jeder liebt es, Vorschläge zu machen und damit eine Rolle im Management zu spielen. Man kann hieraus einen Vorteil ziehen und jedermann dazu bringen, für ein gemeinsames Ziel zu arbeiten. Wenn die Mitarbeiter dann in einem Projekt als Team funktionieren, ist es viel leichter, diese neu geschaffene Zusammenarbeit auf andere Aktivitäten zu übertragen. So werden PM und AM zu einem Teil der Unternehmenskultur.

Für eine neue Fabrik kann der Schwerpunkt ein ganz anderer sein. Dort gibt es nicht unbedingt einen Bedarf an Anlagenverbesserungen in den Anfangsphasen des Werksbetriebs. Man möchte mit AM beginnen, damit das neue Anlagenpersonal gute Arbeitsgewohnheiten entwickeln kann. Hier hat man einen besonderen Vorteil, da man Anlagenproblemen vorbeugen kann, indem das Anlagenpersonal von Anfang an seine Aufmerksamkeit auf die Maschinen richtet. Richtig in einer neuen Fabrik installiert und unterstützt durch PM hält AM Ihre Anlagen in einem fast perfekten Zustand.

Es gibt noch einige andere Faktoren, welche die Installation von TPM beeinflussen. Man muss *Prioritäten* und Reihenfolgen für seine TPM-Installation definieren, und zwar abhängig von den Bedürfnissen der Fabrik, von den Anlagen und vom Personal. Die Machbarkeitsstudie muss zuerst durchgeführt werden, da man hier die gegebenen Werte der Anlagenleistung erhält, woraus man dann den Verbesserungsbedarf der Anlagen ableiten kann. Andere Informationen wie Qualifikation und Schulungsbedarf sind in der Planungsphase der Installation hilfreich.

Es ist auch zu entscheiden, ob man sich mehr in Richtung Kapazitätserhöhung oder mehr in Richtung Kostensenkung entwickeln will – oder sogar beides. Auch die Notwendigkeit einer Qualitätsverbesserung kann die Projektstruktur und die Prioritäten der TPM-Installation beeinflussen.

Die Unternehmenskultur hat oft eine tragende Funktion in der TPM-Installationsstrategie. Ist das Anlagenpersonal bereit, TPM-AM zu akzeptieren und umzusetzen? Manchmal erlauben die Betriebsvereinbarungen Maschinenbedienern den Gebrauch bestimmter Werkzeuge nicht oder nur den der einfachsten. Solch eine Situation wird die TPM-Strategie offensichtlich beeinflussen, aber sie macht TPM sicher nicht unmöglich.

Um mit TPM erfolgreich zu sein, muss man pragmatisch sein. Machen Sie das, was geht. In Ihrer Fabrik, mit Ihren Mitarbeitern, in Ihrem Umfeld. Verwenden Sie den TPM-Prozess und seine Komponenten in der richtigen Reihenfolge, damit TPM die erwünschten Ergebnisse bringt.

Das Topmanagement muss TPM verstehen und unterstützen. Ohne die Teilnahme des Topmanagements sind die Chancen einer erfolgreichen TPM-Installation erheblich reduziert. Das Topmanagement sollte früh eingebunden werden, Visionen entwickeln, Ziele setzen und die TPM-Strategie und -Taktik ausarbeiten.

Die Machbarkeitsstudie ist sehr wichtig für den TPM-Erfolg. Sie legt die Basislinie fest, an der die folgenden Verbesserungen gemessen werden können, und gibt die Antworten, die man für die Planung der Installation braucht. Gute Langzeitergebnisse haben ihr Fundament in einem gut durchdachten Installationsplan, der auf einer soliden Machbarkeitsstudie und einer guten TPM-Strategie basiert.

7

Wie viel autonome Instandhaltung wird gebraucht?

Ein Schlüsselelement von TPM ist die autonome Instandhaltung. Sie kann die Ursache für einen großen Erfolg sein wie in Japan – oder ein möglicher Stolperstein wie in vielen nichtjapanischen Unternehmen. Manchmal glauben die Manager, TPM sei ein Instrument, um autonome Instandhaltung zu erreichen. Es ist genau umgekehrt: Autonome Instandhaltung ist nur eines der Elemente von TPM, wenn auch ein wichtiges. Die Unterschiede zwischen der japanischen und der nichtjapanischen Arbeitskultur machen es gewöhnlich notwendig, eine Strategie zu entwickeln, die sich vom japanischen Vorgehen nach Lehrbuch unterscheidet.

Japanische autonome Instandhaltung wird interpretiert als eine Gruppe gut ausgebildeter Arbeiter, welche die ganze routinemäßige Instandhaltung ihrer Betriebsanlagen und alle Inspektionen sowie auch kleinere Reparaturen ausführen. Diese Interpretation, zusammen mit der empfohlenen Anwendung der fünf »S«: seiri, seiton, seiso, seiketsu und shitsuke (zu übersetzen etwa mit Organisation, Ordnung, Reinheit, Reinlichkeit und Disziplin), hat einigen Widerstand in den westlichen Ländern verursacht, weniger in anderen ostasiatischen Nationen.

Und werden Sie deswegen auf autonome Instandhaltung verzichten? Sicherlich nicht. Es steht zu viel auf dem Spiel. Der Nutzen der autonomen Instandhaltung ist zu vielfältig, um darauf zu verzichten. Da sind: wesentlich besser arbeitende Betriebsanlagen, beträchtliche Reduktion der Instandhaltungskosten, seltenerer Stillstand der Betriebsanlagen, eine bestens geschulte und motivierte Belegschaft, verbesserte Produktqualität und mehr Ausstoß.

Aufgrund der autonomen Instandhaltung und des Engagements der Arbeiter für TPM unterscheiden sich japanische preisgekrönte Fabriken auffallend von denen in westlichen Ländern. Man wird selten japanisches Instandhaltungspersonal während einer Schicht in den Fabrikhallen zu Gesicht bekommen. Es ist irgendwie beunruhigend, aber das Instandhaltungspersonal braucht nicht dort zu sein. Keine Notsituation entsteht, keine »Instandhaltung vom Dienst« muss vorhanden sein. Nichts läuft verkehrt, nichts fällt aus. Die Maschinenführer haben alles unter Kontrolle. Die Frage stellt sich nun: Welcher Typ und wie viel autonome Instandhaltung wird uns solche Ergebnisse liefern? Welche Methode sollten wir anwenden?

Maßgeschneiderte autonome Instandhaltung

Wie viel autonome Instandhaltung brauchen Sie? Die Frage sollte wirklich umgekehrt sein. Wie viel autonome Instandhaltung kann ich erhalten? Die Antwort ist: so viel, wie Sie Ihre Arbeiter motivieren können zu tun.

Natürlich ist mehr besser, aber in einigen Werken ist es einfach nicht möglich. Bei den meisten Installationen wird es das Ergebnis einer langen, sorgfältig geleiteten Schulungs- und Umstrukturierungsperiode sein.

Autonome Instandhaltung ist den Aufwand wert. Ihre Betriebsanlagen laufen besser, weil PM, Inspektionen und routinemäßige Instandhaltung nach Plan durchgeführt werden. Die Instandhaltungskosten sind geringer, weil viele der Wege- und Wartezeiten, welche die Fachleute protokollieren, entfallen. Wenn eine Maschine wirklich versagt, dann wird das nicht für lange sein, weil geschulte Mitarbeiter in vielen Fällen wissen, wie sie die Maschine wieder zum Laufen bringen.

Die Arbeiter sind nicht nur geschult, sondern auch hoch motiviert für die Instandhaltungsarbeit. Sie wissen, wie ihre Maschine funktioniert, und wünschen, dass sie in einem Topzustand läuft. Da Sie mehr Produktionszeit für Ihre Betriebsanlagen zur Verfügung haben, wird die autonome Instandhaltung zu größerem Ausstoß und besserer Qualität, dem höchsten Ziel aller Hersteller, führen.

Grenzen erkennen

All diese enormen Vorteile werden Ihnen jedoch nicht in den Schoß fallen. Sie sollten sich der Fallstricke der autonomen Instandhaltung bewusst sein, auch wenn Sie planen, seine Vorzüge auszunutzen.

Sie müssen die Lernfähigkeit Ihrer Arbeiter feststellen. Einige werden besser zu schulen sein als andere. Wichtiger ist, dass Sie herausfinden, ob sie zum Lernen motiviert werden können und welche Schritte Sie machen müssen, um ihren Enthusiasmus zu wecken.

Wie werden Ihre Instandhaltungsmitarbeiter auf die autonome Instandhaltung reagieren? Werden sie es als eine Bedrohung ihrer Arbeitsplätze ansehen, sich auf die Hinterbeine stellen und die Kooperation verweigern? Wie können Sie sie überzeugen, TPM zu unterstützen? Und welche Rolle wird die Instandhaltung spielen, wenn die Arbeiter erst einmal die Routinewartung und PM übernommen haben? Die Instandhaltungsabteilung ist bei TPM nicht aus dem Geschäft und sollte es auch nicht sein. Sie müssen planen, ihre Aktivitäten umzuleiten auf neue, anspruchsvollere Ziele, zu der Hightech-Organisation, die Ihr Werk braucht, um den neuen und komplexeren Maschinen der Zukunft gewachsen zu sein.

Schulungszeit ist ein weiterer potenzieller Stolperstein. Das Ziel der Herstellung ist ein maximaler Ausstoß in jeder Schicht. Die Produktionsmanager sträuben sich oft dagegen, dass die Arbeiter den Produktionsbereich verlassen, um an einer TPM-Schulung teilzunehmen. Es muss aber

Zeit gefunden werden, um die Schulung durchzuführen, die für die autonome Instandhaltung benötigt wird. In einem Werk überprüfte der TPM-Manager, als Teil der Machbarkeitsstudie, alle 250 Mitarbeiter der Produktion. Er stellte fest, dass im Produktionsablauf nur zwei dieser Arbeiter so entscheidend wichtig und engagiert waren, dass sie nicht aus der Produktionsstraße genommen werden konnten. Die übrigen 248 waren für die Schulung verfügbar.

Möglicherweise werden Sie mit anderen Schulungsprogrammen, wie etwa HSPC (Statistische Prozesskontrolle), Just-in-Time-Produktion und anderen, konkurrieren. Wie können Sie es managen, dass TPM seinen Teil an dieser limitierten Ressource bekommt?

Dies sind einige der Schwierigkeiten bei der Einführung von autonomer Instandhaltung. Sie müssen entscheiden, wie viel »autonome Instandhaltung« für Sie richtig ist. Entwerfen und installieren Sie ein Programm (TPM-AM), das bei Ihnen am besten funktioniert.

Welche Aufgaben können Ihre Arbeiter tun? Können sie ihre Maschinen reinigen? In den meisten Fällen wird die Anwort »Ja« sein. Was ist mit der Schmierung der Maschinen? Sie müssen daran denken, dass sie nicht automatisch dazu in der Lage sind. Sie müssen die Schmierpresse, die Ölkanne und die Schmierstellen farblich markieren. Das bedeutet Schulung. Können sie ihre Maschinen inspizieren? Wenn sie richtig eingewiesen werden, können sie es sicherlich, aber dazu ist Zeit erforderlich.

Was ist mit der Einrichtung der Betriebsanlagen, mit Justierungen, präventiver Instandhaltung und kleineren Reparaturen? Es wird zu einem großen Teil von ihrer Motivation abhängen, wie viel sie machen wollen, und von ihrer Fähigkeit, wie viel sie machen können. Abhängig von der Belegschaft wird die Antwort in den einzelnen Fällen variieren. Das sind realistische Einschränkungen, auf die Sie stoßen werden, und Sie müssen sich derer bewusst sein.

Schulung – Der Schlüssel zum TPM-AM

Der Erfolg bei der Installation von TPM-AM in einem Betrieb hängt von der Schulung ab. Für diesen überaus wichtigen Aspekt der autonomen Instandhaltung gibt es keinen Ersatz. Weil er so lebenswichtig ist, müssen Sie beträchtliche Zeit und Mühen aufbringen, um festzulegen, wie Sie ihn anpacken. Sie benötigen zweifellos eine Übereinstimmung zwischen Instandhaltung und Produktion. Und genauso ist die Kooperation zwischen Engineering-, Schulungs- und Personalabteilung erforderlich.

Es gibt eine ganze Reihe von Fragen, die Sie vor Beginn der TPM-AM-Schulung beantworten müssen. Als Erstes: Wer wird die Schulung abhalten? Diese Frage könnte verschiedene Antworten haben. Gewöhnlich kommen die besten Ausbilder aus den Reihen der Instandhaltung. Diese Fachleute kennen die Betriebsanlagen und die Arbeiter. Der TPM-Stab ist eine weitere gute Quelle, abhängig von seiner Größe und den anderen Pflichten, die für ihn bestimmt sind. Sie können auch ein Mitglied der Engineering-Abteilung die Schulung machen lassen, besonders wenn der Mitarbeiter Experte auf einem bestimmten Gebiet ist, wie etwa der Schmierung. Schichtführer oder Mitglieder der Schulungsabteilung sind weitere Kandidaten.

Sogar Maschinenhersteller sind häufig geeignet. Sie haben ein begründetes Interesse daran, denn wenn Sie ihr Produkt kaufen, wollen sie eine Schulung in der richtigen Bedienung ihrer Maschinen anbieten. Weiterhin können Sie auch die Tauglichkeit der lokalen Hochschulen und Handelsschulen für Schulungen überprüfen. Nur bedenken Sie, dass diese Kurse möglicherweise außer Haus stattfinden, teurer und zeitintensiver sind. Es gibt Fortbildungsunternehmen, die Hilfsmittel zur Hightech-Schulung wie interaktive Videodisks, programmierte Lehrgänge und Videobänder anbieten.

Ein Unternehmen hatte eine ungewöhnliche Lösung für sein Ausbilderproblem. Man holte Ruheständler auf Teilzeitbasis zurück, um den Arbeitern Instandhaltungswissen zu vermitteln. Diese Ruheständler erwiesen sich als sehr wertvolle Quelle, da sie alle viele Jahre in der Instandhaltungsabteilung oder der Fertigungsstraße gearbeitet hatten und alle Maschinen gründlich kannten. Aus diesen Möglichkeiten müssen Sie die praktikabelste für Ihre TPM-Schulung herausfinden.

Schulung während der Arbeit (On-the-Job-Training, OJT)

Die Schulung sollte überwiegend direkt am Arbeitsplatz erfolgen. Das geht schnell und ist der billigste Weg. Die Schulung für TPM-AM erfolgt oft in kurzen Ein-Thema-Lektionen, die jeweils nur 20 bis 30 Minuten dauern. Schulungsräume werden weniger häufig benutzt, aber es mag Zeiten geben, in denen Sie sich vom Lärm und der Geschäftigkeit der Fertigungsstraße entfernen und eine Leinwand oder Schreibtafeln nutzen wollen. Das Engagement eines Unternehmens für die Schulung war so groß, dass man eine vollständige Maschine im Schulungsraum aufbaute. Ein kleiner Teil der Schulung, wie etwa die Teilnahme an einem Seminar oder der Besuch beim Maschinenhersteller, muss außerhalb des Werkes erfolgen.

Die Zeit, die für die Schulung zur Verfügung steht, wird entsprechend der Unternehmenspolitik und den konkurrierenden Ansprüchen anderer Programme variieren. Eine gute Richtlinie ist eine Stunde pro Woche und

Arbeiter. Wenn man Ferien und Feiertage abzieht, erhält man mit diesem System ungefähr 40 Stunden TPM-Schulung pro Arbeiter im Jahr. Diese eine Stunde pro Woche erfolgt nicht auf einmal, sondern wird in zwei bis drei kürzere Unterrichtseinheiten pro Woche aufgeteilt. Diese Vorgehensweise scheint die besten Ergebnisse zu liefern.

Sie sollten versuchen, die Schulung während der Arbeitszeit abzuhalten. Überstunden für Schulung sind sehr teuer und können normalerweise bei guter Kooperation und Planung vermieden werden. Die Aufgabe besteht daher darin, die Zeit für die Schulung gezielt in den regulären Arbeitsstunden zu planen.

Wer wird die Schulungszeiten planen? Das ist eine Aufgabe der TPM-Arbeitsgruppe. Sie sollte einen Plan entwerfen, der sowohl den Erfordernissen der Betriebsanlagen und Arbeitsabläufe als auch der verfügbaren Zeit und den Ressourcen Rechnung trägt. Dieser Plan sollte sorgfältig mit der Produktion koordiniert werden, um ein Minimum an Unterbrechung zu gewährleisten.

Stufen der Schulung

Wie im vorherigen Kapitel besprochen, müssen (oder können) nicht alle Arbeiter bis zum höchsten Stand ausgebildet werden. Ein gemischter Kenntnisstand innerhalb einer TPM-Kleingruppe ist vollkommen in Ordnung. Entwickeln Sie einen speziellen Ausbildungsplan für den elementaren, speziellen und fortgeschrittenen Ausbildungsgrad (Abb. 14). Passen Sie den Plan den Erfordernissen Ihres Betriebs, der Betriebsanlagen und den Aufgaben der Arbeiter an den Maschinen an. Der vorhandene Kenntnisstand sollte beim Entwickeln des Ausbildungsplans berücksichtigt werden (Abb. 15). Schließlich sollten Sie den Ausbildungsgrad mit dem zuvor diskutierten TO/1-, 2- und 3-Grad der Arbeiter korrelieren können. TO/1 könnte den Kenntnisstand 1 und 2 umfassen, TO/2 schließt den Kenntnisstand 3 und 4 ein, und der höchste Grad TO/3 besteht aus der Belegschaft mit dem Kenntnisstand 5.

Die Kosten von TPM-AM

Wenn Sie keine umfassenden Verbesserungen der Betriebsanlagen vornehmen, werden die Schulungskosten vermutlich Ihre größten Ausgaben bei der Installation von TPM sein. Das ist der Grund, warum Sie sorgfältig planen müssen, wie die Schulung durchgeführt werden soll. Wenn Sie eine Stunde pro Arbeiter und Woche einplanen, kennen Sie die Personalkosten. Hierzu müssen Sie Ausgaben für Schulungsmaterial hinzuaddieren.

TPM	Datum:_____

Fähig-keits-grad	Beschreibungen/Attribute/Bemerkungen
1	In Ausbildung, im Wesentlichen ohne Qualifikation; lernt gerade, wie die Anlage zu bedienen ist; ohne Selbstvertrauen, benötigt nahezu ständige Kontrolle; möglicherweise nicht lernfähig.
2	Kann die Anlage bedienen. Kennt den Ablauf grundsätzlich. Braucht gelegentlich Hilfe. Kennt die Anlage nicht sehr gut, erkennt selten Fehlfunktionen der Anlage oder Qualitätsprobleme.
3	Bedient die Anlage selbstbewusst und braucht wenig Hilfe. Erkennt Fehlfunktionen und Qualitätsprobleme, kann sie aber nicht beheben.
4	Kennt die Anlage sehr gut und bedient sie mit hoher Sicherheit. Benötigt keine Kontrolle. Versteht den Zusammenhang zwischen Anlagenleistung und Qualität/Produktivität. Erkennt Anlagen-fehlfunktionen und kann sie beheben und die Einstellung ändern. Könnte andere beaufsichtigen.
5	Erfahrener Mitarbeiter, der die Anlage und den Prozessablauf sehr gut kennt. Kontrolliert und schult andere. Achtet sehr auf Fehl-funktionen der Anlage, sogar bevor sie eintreten. Führt Korrekturen und Einstellungen aus, inspiziert die Anlage und führt kleinere Reparaturen aus. Achtet sehr auf den Anlagenzustand und die Qualität sowie die Zusammenhänge mit der Produktivität. Ist ein potenzieller Meister bzw. Gruppenleiter.

Bestätigt durch: Betriebsrat: _____

Produktion: _____

Instandhaltung/TPM: _____

Abbildung 15: Übersicht der Qualifikationsstufen des Bedienungspersonals

Stellen Sie vor diesem Schritt fest, welches Schulungsmaterial möglicherweise bei anderen Betrieben Ihrer Gesellschaft erhältlich ist. In einem multinationalen Unternehmen mit zehn Niederlassungen wurde ein Meeting abgehalten, um TPM zu diskutieren. Als man begann, über die Schulung zu sprechen, sagte ein Manager, dass er einen Schulungskurs mit interaktiven Videodisketten für 16.000 Dollar anschaffen wolle. Ein Manager aus einer anderen Niederlassung sagte: »Tun Sie das nicht, ich habe dasselbe Programm in meinem Büro. Wir sind fertig damit, Sie können es haben.« Diese Bemerkung öffnete alle Schleusen. Andere Manager teilten sich das Material, das sie hatten, und am Ende des Meetings besaß das Unternehmen einen großen Prozentsatz des benötigten Schulungsmaterials ohne zusätzliche Ausgaben.

Diese Geschichte steht im Kontrast zu einem internationalen Elektronikunternehmen, bei dem in ungefähr sechs Niederlassungen unabhängig voneinander ähnliches Schulungsmaterial entwickelt wurde. Das ist das Sechsfache von dem, was es hätte kosten sollen. Es ist gewöhnlich auch viel billiger, Schulungsmaterial übersetzen zu lassen, als neu zu entwickeln.

Zertifizierung

Ein weiterer Bestandteil der Schulung ist die Zertifizierung der Mitarbeiter. Wenn die Mitarbeiter sich von einem Kenntnisstand zum nächsten verbessern, dann sollte dieser Fortschritt dokumentiert werden. Dadurch erhalten Sie eine sehr gute Vorstellung von der Qualifikation Ihrer Arbeiter.

Abbildung 15 zeigt eine tabellarische Darstellung der Qualifikationen, anhand deren man die von jedem Arbeiter erlangten Fähigkeiten einschätzen kann. Während der Schulungsphase sollte diese Tabelle um speziellere Schulungsziele erweitert werden.

Nach Abschluss aller Kurse, die für eine bestimmte Qualifikation oder einen Grad benötigt werden, sollte jeder Maschinenführer geprüft werden oder einen Abschlusstest machen, auch über die praktische Umsetzung der gelernten Aufgaben an den Betriebsanlagen. Darüber sollte er ein Zertifikat erhalten. Für jede Gruppe, Abteilung oder für den ganzen Betrieb kann eine grafische Darstellung der durchschnittlichen Arbeiterqualifikationen erstellt werden, um die Fortschritte seit Beginn der Schulung zu dokumentieren (Abb. 16).

Das Konzept »Meine Maschine«

Ein wichtiger Aspekt für den Erfolg der autonomen Instandhaltung ist das Vermitteln von Anreizen, um das TPM-AM-Programm voranzutreiben. Bedenken Sie, dass Sie Ihre Maschinenführer motivieren wollen, dass Sie ihnen ein Gefühl von Stolz auf das Wissen, wie auf ihre Maschine aufzupassen ist, einflößen wollen. Das Konzept »Meine Maschine« ist wesentlich für TPM-AM. Der Mitarbeiter war vielleicht beim Verbessern seiner Maschinen während TPM-EM engagiert und beginnt gerade, sich am PM »seiner« Maschinen zu beteiligen. Die Betriebsanlagen, die ihm »gehören«, sehen besser aus und funktionieren besser, und er entwickelt einen Grad von Stolz. Jetzt heißt es, die Maschine weiter zu verbessern und zu pflegen. Einige Arbeitsgruppen kleben ihren Namen, manchmal sogar ihre Bilder, auf ihre Maschine, um ihre »Besitzerschaft« anzuzeigen. Diese Aktion sollte vom Management als ein vorzügliches Motivationswerkzeug unterstützt oder sogar initiiert werden. Wenn die Maschinenführer erst einmal die »Besitzerschaft« angenommen haben, werden Sie eine deutliche Änderung der Einstellung feststellen.

Ein Werk stellte eine große Tafel auf mit den Namen aller Maschinenführer auf der vertikalen Achse und den verschiedenen Lehrgangstypen auf der horizontalen Achse (Qualifikationsmatrix). Wenn ein Maschinenführer ein Zertifikat für einen Lehrgangstyp erhalten hatte, bekam er oder sie eine glänzende metallische Scheibe an der Tafel. Diese Darstellung diente als eine Bestandsaufnahme der Fertigkeiten und als ein Maßstab für den Fortschritt jedes Mitarbeiters und der Arbeitsgruppen, deutlich sichtbar für jeden im Betrieb.

Es gibt natürlich viele andere Möglichkeiten, um den »esprit de corps«, der für TPM-AM so notwendig ist, aufzubauen. Sie werden sicherlich Ihre eigenen kreativen Möglichkeiten zur Motivation Ihrer Mitarbeiter entwickeln. Denken Sie vor allem daran, dass diese Motivation, dieser Stolz auf die Fähigkeiten und den Besitz der Maschinen, ein wesentlicher Bestandteil von TPM-AM ist. Die Installation wird ohne diese Punkte nicht so erfolgreich sein.

TPM-AM ist ein ausgezeichnetes Mittel, um die Kosten zu senken und die Produktivität zu verbessern. Das Verteilen der Verantwortung auf Teams funktioniert. Es bedarf aber einer sorgfältigen Planung, eines entschlossenen Engagements für die richtige Schulung und wohlmotivierter Arbeiter, die wollen, dass ihre Maschinen mit höchster Effizienz laufen.

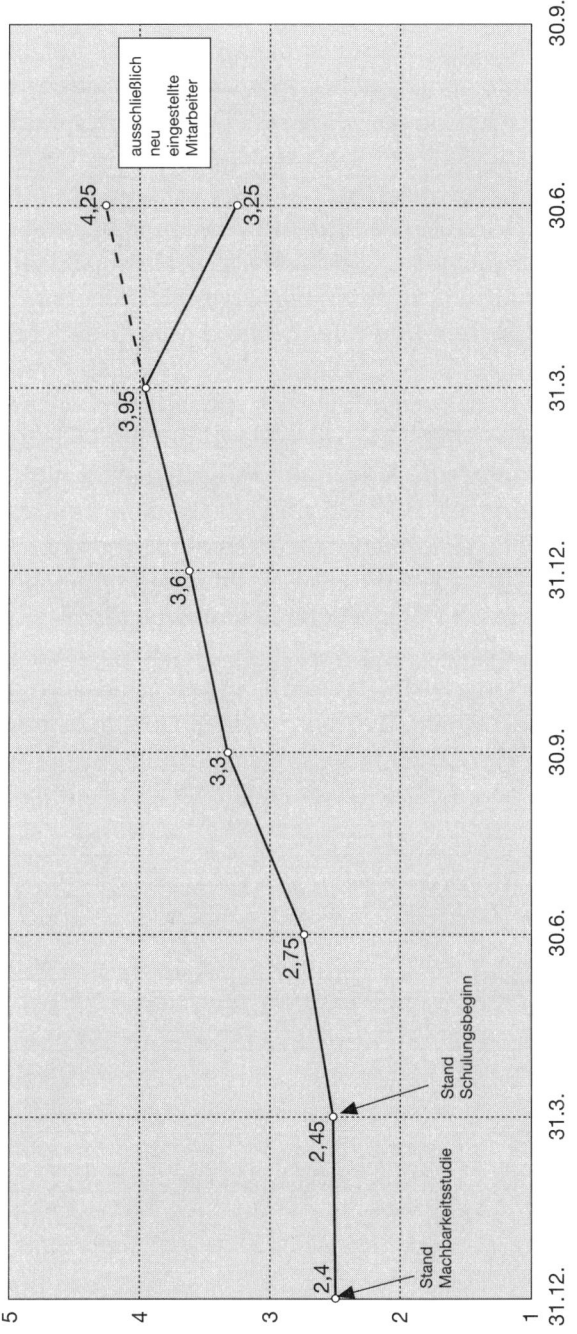

Abbildung 16: Durchschnittliche Qualifikation des Bedienungspersonals
(Werk, Abteilung oder Gruppe)

8

Entwurf und Installation
eines effektiven PM-Programms

Die meisten Unternehmen rund um die Welt machen kein gutes PM. Wenn es von derselben Abteilung durchgeführt wird, die auch für Krisensituationen (Reparatur bei Versagen) verantwortlich ist, dann scheint PM immer zu kurz zu kommen. PM ist jedoch absolut grundlegend dafür, dass die Betriebsanlagen in einem Topzustand gehalten werden.

Es muss daher eine Möglichkeit gefunden werden, wie Ihr Unternehmen das gesamte notwendige PM zum fälligen und geplanten Zeitpunkt durchführt. Es ist naheliegend, dass Sie beim TPM von Ihren Maschinenführern eine Beteiligung an diesen Bemühungen erwarten.

Bevor Sie beginnen, Ihre Arbeiter zu schulen und einzuspannen, müssen Sie erst feststellen, welche Art von PM Ihr Betrieb durchführt (oder braucht), und einige Definitionen festsetzen. Verschiedene Typen von PM könnten sein:

- routinemäßige (und sich häufig wiederholende) PM
- umfangreichere PM
- Überholung der Betriebsanlagen
- vorausschauende Instandhaltung (PDM)

Eine weitere, für TPM sehr nützliche Methode ist, die geeignete PM-Arbeit in zwei Kategorien einzuteilen:

Typ I:

PM-Arbeit, die von den Maschinenführern jetzt oder später nach einer Schulung gemacht werden kann.

Typ II:

PM-Arbeit, welche die Fähigkeiten, Zeit und Werkzeuge eines Instandhaltungsfachmannes verlangt.

Diese Einteilung der PM-Arbeit hilft bei der Planung und Ausführung von TPM-PM. Es ist offensichtlich, dass routinemäßige und häufig wiederholte PM gewöhnlich zum Typ I gehört.

Es ist auch notwendig, PM genau zu *definieren*, weil sehr häufig Unklarheit darüber herrscht, was genau PM ist. Die Meinungen reichen von kurzen PMs im »Vorübergehen« bis zu allem (einschließlich größeren Umbauten), was dazu beiträgt, Maschinenschäden zu vermeiden. Jeder hat Recht, aber es ist hilfreich, die verschiedenen *Typen* von PM zu definieren, weil der Zeitbedarf und die Fähigkeiten, die für jeden Typ benötigt werden, sehr unterschiedlich sind.

Die Arten von PM

Routinemäßige PM könnte definiert werden als das systematische

- Reinigen,
- Schmieren,
- Inspizieren,
- Testen,
- Justieren, Festmachen,
- Durchführen des Service,
- Erledigen von kleineren Reparaturen,

um die Betriebsanlagen im perfekten Betriebszustand zu halten.

Alle diese Aktivitäten sind wahrscheinliche Kandidaten für Typ I (vom Maschinenführer durchgeführte) PM. Jede Aufgabe erfordert normalerweise nur wenige Minuten, und die Wegezeit für das Instandhaltungspersonal übertrifft gewöhnlich die tatsächliche Arbeitszeit an den Maschinen. Die Betonung liegt hier auf systematisch, was bedeutet, dass es gewöhnlich eine festgelegte Anzahl von Aufgaben für tägliche, wöchentliche oder monatliche PM gibt, die auf dieselbe Weise zu vorbestimmten Zeiten durchgeführt werden.

Umfangreichere PM schließt gewöhnlich ein:

- teilweise Demontage der Betriebsanlagen
- Gebrauch von verschiedenen Werkzeugen
- Ersatz von zahlreichen Teilen oder Komponenten
- höhere Qualifikation
- viel mehr Zeit als bei routinemäßiger Instandhaltung
- Einbeziehen der Planer der Instandhaltung
- Einplanen der Betriebsanlagen für geplanten Stillstand
- Testlauf der Betriebsanlagen

Wenn wir diese Definition akzeptieren, dann ist offensichtlich, dass diese Aktivitäten mehr PM-Arbeit vom Typ II entsprechen. Die Maschinen werden jedoch normalerweise nicht aus den Werkshallen entfernt, und die Beteiligung der Maschinenführer an der umfangreichen PM ist von Vorteil (was für eine vorzügliche Möglichkeit, mehr über »meine Maschine« zu erfahren). *Dies als Anregungen für Ihre TPM-PM-Planung!*

Überholung (Umbau) der Betriebsanlagen schließt gewöhnlich ein:

- Transport aus den Werkshallen

- völlige Demontage der Betriebsanlagen
- Überholen oder Ersatz vieler Teile, Komponenten oder Systeme
- viele Werkzeuge, einschließlich maschineller Werkzeuge
- Aufwerten der Maschinen
- hohe Qualifikation
- Neulackierung der Maschinen
- Beteiligung der Hersteller
- neue Kalibrierung
- Testlauf
- erneute Installation in den Werkshallen
- größerer Zeitbedarf
- Beteiligung von Instandhaltungsplanung und -disposition

Es ist ziemlich deutlich, dass diese PM-Arbeit zum Typ II gehört (wenn Sie das überhaupt als PM akzeptieren).

Vorausschauende Instandhaltung (Predictive Maintenance, PDM) wird häufig getrennt von PM durchgeführt, insbesonders wenn es vom Engineering gemacht wird. Es dient jedoch demselben Zweck wie PM:

Maschinenversagen sollen durch die *Vorhersage*, wann bestimmte Komponenten, wie etwa Lager, Getriebe oder Elektromotoren zu versagen drohen, vermieden werden.

Vorausschauende Instandhaltung beinhaltet:

- Vibrationsanalyse
- Megohmmetertesten
- spektrographische Ölanalyse
- thermographische Analyse
- Infrarottesten
- nichtdestruktives Testen
- teuere Test- und Aufzeichnungsgeräte
- Computereinsatz für Analyse und Vorausschau

Diese Klasse von Instandhaltungsarbeiten erweitert offensichtlich die historische Definition von PM, sowohl von Typ I als auch von Typ II. Bei der Planung von TPM-PM sollten Sie jedoch ernsthaft überlegen, welche Aktivitäten (und sei es nur das Ablesen von Instrumenten) PM-Arbeit vom Typ II oder sogar Typ I sein könnte.

Es gibt TPM-Unternehmen, bei denen die *Maschinenführer* Vibrationsaufzeichnungen von in die Maschinen eingebauten Computerbildschirmen ablesen und interpretieren. Es gibt viele andere Unternehmen, in denen die aus Instandhaltungspersonal bestehende PM-Arbeitsgruppe alle vorausschauenden Instandhaltungsaufgaben durchführt.

PM-Strategie

Wenn erst einmal eine Einteilung in die verschiedenen Typen erfolgt und akzeptiert worden ist, können Sie mit der Planung von TPM-PM beginnen. Das Ziel ist eine hundertprozentige Erfüllung des PM-Zeitplans, zumindest bei Ihren kritischen Maschinen (durchgeführte PM-Aufgaben im Vergleich zu den geplanten).

Es gibt zwei Vorgehensweisen:

1. Verbesserung des Systems, der Organisation, der Durchführung und der Kontrolle der von der Instandhaltung erledigten PMs
2. Übertragen von so vielen PM-Routinearbeiten wie möglich auf die Maschinenführer

Bei TPM-PM sollten Sie beides tun. Die Entwicklung und Installation eines PM-Systems für die Instandhaltung werden als Erstes diskutiert.

Ein effektives PM-System

Schritt 1:
Feststellen der Betriebsanlagendaten

Schritt 2:
Bestimmen des PM-Typs und Wichtigkeit

Schritt 3:
Entwicklung von PM-Checklisten

Schritt 4:
Entwicklung von PM-Arbeitsanweisungen

Schritt 5:
Entwicklung der PM-Routen

Schritt 6:
Entwicklung von PM-Zeitplänen

Schritt 7:
Führen eines Maschinenlogbuchs

Schritt 8:
Anwenden der Strichcode-Technologie

Schritt 9:
Entwicklung eines Berichtssystems

Schritt 10:
Einführen der PM-Organisation

Schritt 1:
Feststellen der Betriebsanlagendaten

Die meisten Unternehmen haben eine im Computer gespeicherte Liste des Maschineninventars oder eine Kartei mit Maschinendaten zur Verfügung. Falls nicht, sollten Sie die Daten für alle Ihre Maschinen feststellen, einschließlich der folgenden:

* Typ der Maschine und Seriennummer
* Beschreibung und Hersteller
* Herstellungsdatum
* Namensschilddaten (Spannung, HP usw.)
* durchgeführte Änderungen und Verbesserungen
* Standort im Werk
* Hinweise auf Ersatzteillisten und Zeichnungen
* Hinweise auf Handbücher usw.

Ihr Maschinenbestand ist Ihr Startpunkt. Die meisten Hersteller von Betriebsanlagen empfehlen für ihre Maschinen Inspektions- und PM-Aufgaben in den Handbüchern der Betriebsanlagen.

Schritt 2:
Bestimmen des PM-Typs und der Dringlichkeit

Zu diesem Zeitpunkt sollten Sie einige grundlegende Entscheidungen für jede Maschine bezüglich PM treffen. Wollen Sie sie der von den Maschinenführern durchgeführten PM (Typ I) zuordnen? Vielleicht nicht sofort, sondern später. Oder ist es ein Maschinentyp, bei dem die Maschinenführer keinerlei PM durchführen? Wollen Sie diese Maschine in die vorausschauende Instandhaltung einbeziehen? Arbeiten Sie in diesem Punkt auch mit der Produktion zusammen, um festzustellen, wie kritisch die Maschinen sind. Zum Beispiel:

Dringlichkeit 1:

Ein Ausfall der Maschine führt zur Stillegung des Werks oder der Bandstraße, kann eine Gefahr für die Sicherheit der Arbeiter sein oder einen Schaden in der Umwelt verursachen. Natürlich möchten Sie, dass nichts hiervon geschieht, daher Wichtigkeitsstufe 1. Es bedeutet, dass die Maschine überprüft und PM ohne Ausnahme nach Plan durchgeführt wird und dass die Maschine ohne Widerspruch von der Produktion wie eingeplant zur Verfügung gestellt wird. Die Erfüllung von PM muss 100 Prozent sein.

Dringlichkeit 2:

Ein Maschinenversagen kann zur Stillegung der Bandstraße führen, kann eine potenzielle Bedrohung der Sicherheit der Arbeiter oder der Umwelt sein. Sie können es sich leisten, dass die Maschine für eine kurze Zeit ausfällt, weil eine zusätzliche Maschine verfügbar ist. Die Erfüllung von PM muss 90 bis 100 Prozent sein. Das bedeutet, dass nicht mehr als 10 Prozent der geplanten PM-Aufgaben verschoben oder ausgelassen werden dürfen.

Dringlichkeit 3:

Maschinen, die für den Produktionsprozess unkritisch sind, wie etwa freistehende Maschinen, die nicht ständig in Betrieb sind oder für die ein gleichwertiger Ersatz vorhanden ist. Die Erfüllung von PM sollte 80 bis 100 Prozent sein, das heißt, nicht mehr als 20 Prozent der geplanten PM-Aufgaben sollten verschoben oder abgesagt werden.

Die Dringlichkeitsstufen ermöglichen Ihnen, die richtige PM durchzuführen, wenn Sie aufgrund eines zeitweisen Personalmangels oder einer Produktionskrise nicht das ganze PM durchführen können.

Nachdem Sie diese Entscheidungen bezüglich Ihrer Betriebsanlagen getroffen haben, können Sie damit anfangen, die verschiedenen Aufgaben für die PM- und PDM-Ausführung zu entwickeln.

Schritt 3:
Entwicklung von PM-Checklisten

Jede Maschine hat ihre eigene spezifische Checkliste, die in der Regel ziemlich standardisierte Aufgaben enthält, wie etwa Reinigungsaufgaben, Untersuchen auf Verlust von Schmiermittel, Suchen nach gelockerten Schrauben usw. Es kann unterschiedliche Checklisten für tägliche, wöchentliche oder monatliche PMs geben, oder es könnte eine Hauptliste aufgestellt werden, die alle wiederkehrenden Aufgaben umfasst.

Normalerweise enthalten PM-Checklisten keine oder nur einfache Teile oder Materialien (wie etwa Filter oder Schmiermittel), die bei oder in der Nähe der Maschine schnell verfügbar sind. Außerdem sollten für die Durchführung der Checkliste nur einfache (oder keine) Werkzeuge erforderlich sein. Für Planungs- und Kontrollzwecke sollten Sie abschätzen, wie viel Zeit für die Erledigung der Checkliste gebraucht wird. Um eine typische tägliche oder wöchentliche Checkliste zu erledigen, werden nur wenige Minuten gebraucht.

Für jede Maschine sollte es zwei Arten von Aufgaben geben. Eine umfasst das PM, das durchgeführt wird, während die Maschine läuft. Es gibt bestimmte Aufgaben, wie etwa das Erkennen von Überhitzung oder übermäßiger Vibration, die nur gemacht werden können, wenn die Maschine läuft. Andere Arbeiten, wie etwa das Überprüfen der Spannung des Keilriemens oder innere Reinigung, können nur gemacht werden, wenn die Maschine ausgeschaltet und gesichert ist. Das Ziel ist, so viel PM wie möglich bei laufenden Betriebsanlagen durchzuführen, um die Zeit, in der die Maschine aus der Produktion genommen werden muss, zu limitieren.

Diese Art PM (nach Checkliste) ist gewöhnlich vom Typ I, also durchführbar für die Maschinenführer.

Schritt 4:
Entwicklung von PM-Arbeitsanweisungen

Im Gegensatz zu den Checklisten sind für die PM-Arbeitsanweisungen Werkzeug und Materialien erforderlich, weshalb sie normalerweise von der Instandhaltung ausgeführt werden. PM nach Arbeitsanweisung läuft ebenfalls routinemäßig und sich wiederholend ab, aber normalerweise in geringeren Frequenzen, wie etwa monatlich, vierteljährlich oder jährlich.

Auch jede PM-Arbeitsanweisung ist an eine Maschine gebunden und enthält eine Liste von Aufgaben und von Materialien. Es kann die Beteiligung der PM-Planer/Zeitplaner nötig sein, um die Teile und Materialien zu planen und die Arbeit einzuteilen, insbesondere wenn die

Laufzeiten, die Anzahl der gemachten Stöße, Schläge und produzierten Teile die Zeit festlegen, in denen diese PM ausgeführt wird. In der Regel ist eine spezielle Arbeitskraft zugeordnet, und die benötigte Zeit wird ebenfalls abgeschätzt.

Diese Art von PM ist normalerweise Typ II, aber die Maschinenführer können miteinbezogen werden, indem sie bei der Ausführung assistieren, da die Maschine gewöhnlich stillgelegt wird.

Schritt 5:
Entwicklung von PM-Routen

Die PM-Route ist das beste Mittel, um die Produktivität des IH-Personals, das die PM-Checklisten oder Arbeitsanweisungen ausführt, zu verbessern. Der Weg von der Instandhaltung und zurück dauert oft länger als die Arbeit an der Maschine. Das Routenblatt eliminiert die Hin- und Rückwege, indem es die PM-Arbeit in einem bestimmten Areal zusammenfasst. Der Fachmann folgt grundsätzlich einer »Straßenkarte« und rückt von Maschine zu Maschine vor.

Sie werden überrascht sein, wie viel PM-Arbeit mit dieser Vorgehensweise ausgeführt werden kann. Da Sie vorher die Zeit, die für jede Checkliste oder Arbeitsanweisung gebraucht wird, abgeschätzt haben, können Sie jetzt die Gesamtzeit für jede Route durch Addieren der Wegezeit zu der gesamten Arbeitszeit feststellen. Wie bei den PM-Arbeitsweisungen wird auf dem Routenblatt die Häufigkeit (wöchentlich, monatlich) vermerkt, und es wird jeweils ein eigenes Blatt für die laufenden und die stillgelegten Betriebsanlagen angelegt.

Schritt 6:
Entwicklung von PM-Terminplänen

Normalerweise gibt es einen Jahresplan für jede Maschine, der alle PM-Frequenzen enthält. Dieser Terminplan ist ziemlich statisch (ohne Änderungen), wenn nicht PM durch die Laufzeiten oder andere Variablen gesteuert wird. Der Hauptplan löst die (tägliche oder wöchentliche) Freigabe aller fälligen Checklisten oder Arbeitsanweisungen aus. Zeitpläne für vom Maschinenführer durchgeführtes PM werden normalerweise auf der Maschine angebracht oder sind in Ordnern in der Nähe. Der Kontrollplan wird abgezeichnet, wenn die PM-Arbeit abgeschlossen ist.

Als Folge von TPM-PM werden die Checklisten und sogar die Terminpläne dynamischer, weil das Feedback von Arbeitern und Instandhaltern zu zusätzlichen oder weniger Aufgaben und geänderten Zeitintervallen auf dem Terminplan führt.

Sie können eine gute PM-Erfüllung fördern, indem Sie die Höhen und Tiefen Ihrer täglichen PM-Arbeitslast durch die Entwicklung eines guten PM-Terminplans ausgleichen. Das erlaubt Ihnen, eine konstante Anzahl von Instandhaltern, die sich dem PM widmen, einzusetzen. Es ist ebenfalls wichtig, die Unterbrechungen der Produktion zu limitieren, indem zum Beispiel eine monatliche und eine vierteljährliche PM-Arbeit kombiniert und gleichzeitig durchgeführt werden, auch wenn einer der Zyklen ein wenig geändert werden muss.

Schritt 7:
Führen eines Maschinenlogbuchs

Ein gutes Maschinenlogbuch ist überaus wichtig für Management, Instandhaltung und Verbesserung der Betriebsanlagen. Leider führen und nutzen dies nur wenige Unternehmen. Ohne Maschinenlogbuch werden Sie nicht in der Lage sein, wiederholtes Versagen zu lokalisieren oder die gesamten Reparaturkosten im Vergleich mit den Kosten einer neuen Maschine festzustellen. Das Maschinenlogbuch hilft Ihnen auch, Ihre PM-Aufwendungen anzupassen und eine gute Vorgehensweise zur Verbesserung der Betriebsanlagen zu entwickeln.

Abbildung 17 zeigt ein Beispiel für ein gutes Maschinenlogbuch. Jede Reparatur oder umfangreiche PM wird als einzeiliger Eintrag dem Logbuch hinzugefügt, das für jede wichtige Maschine geführt wird. Er enthält Datum, Nummer der Arbeitsanweisung, eine kurze Beschreibung der Aktion, Arbeitsstunden und -kosten, Ersatzteilkosten, totale Reparaturkosten und Gesamtsumme der Kosten. Da all dies normalerweise mit dem Computer erstellt wird, kann die Summe der Reparaturkosten als Prozentsatz der Kosten für eine Neubeschaffung berechnet werden. Dies wird im Prozess der Entscheidungsfindung über einen Betriebsanlagenaustausch hilfreich sein. Wenn jährliche Reparaturkosten und Logbuch nicht verfügbar sind, dann ist es sehr schwierig, die Neubeschaffung von Betriebsanlagen zu rechtfertigen, und es kann zu einem teuren Aufschub dieser Entscheidungen führen.

Das folgende Beispiel verdeutlicht, warum das Führen eines Maschinenlogbuchs Geld sparen kann. Ein großes Stahlwerk hatte ungefähr 5.000 mobile Maschinen, vom kleinen Gabelstapler bis zu Diesellokomotiven. Der Meister der Instandhaltung wusste, dass bestimmte Maschinen immer in der Werkstatt waren und sicher eine Menge Geld kosteten. Das Unternehmen führte Wartungslisten, aber kein Maschinenlogbuch. Als ein

Anlagennummer 928122625 Beschreibung Mischer Inventarnummer B-27 488

Anschaffungsdatum 18. Juni 19xx Preis € 2.500,- Wiederbeschaffungswert € 3.000,-

Datum	Antrags-nummer	Durchzuführende Arbeit	Arbeit		Teile-kosten	Gesamt-kosten	Kumulierte Kosten	% des Wbw.*
			Stunden	Kosten				
22.01.XX	14721	Austausch des Getriebegehäuses	3,0	60,00	358,00	418,00	418,00	13,9
30.01.XX	14844	PM	,5	10,00	0,00	10,00	428,00	14,3
15.02.XX	14987	Austausch der Abdeckung	1,5	30,00	40,00	70,00	498,00	16,6
28.02.XX	15368	PM	,5	10,00	12,00	22,00	520,00	17,3
03.03.XX	15652	Austausch der Antriebswelle	2,5	50,00	50,00	100,00	620,00	20,7
25.03.XX	15877	PM	,5	10,00	0,00	10,00	630,00	21,0
30.03.XX	16300	Austausch eines Antriebswellenlagers	1,5	30,00	25,00	55,00	685,00	22,8
10.04.XX	16521	Reparatur des Getriebegehäuses	8,0	160,00	30,00	190,00	875,00	29,2
20.04.XX	16854	Ausrichten der Antriebswelle	3,0	60,00	0,00	60,00	935,00	31,2
28.04.XX	17201	PM	,5	10,00	0,00	10,00	945,00	31,5
05.05.XX	17727	Austausch eines Antriebswellenlagers	2,0	50,00	32,00	82,00	1027,00	34,2
17.05.XX	18221	Lackierung	4,0	80,00	10,00	90,00	1117,00	37,2
26.05.XX	18922	PM	,5	10,00	0,00	10,00	1127,00	37,6
20.06.XX	19301	Austausch des Getriebegehäuses	4,0	80,00	360,00	440,00	1567,00	52,2
27.06.XX	19644	PM	,5	10,00	0,00	10,00	1577,00	52,6

* Wbw. = Wiederbeschaffungswert

Abbildung 17: TPM-Anlagenlogbuch

Unternehmensberater zu ihnen kam, erstellte er anhand dieser Listen Maschinenlogbücher und wies nach, dass das Unternehmen bei bestimmten Maschinen den dreifachen Betrag der Anschaffungskosten für jährliche Reparaturen und Wartung ausgab. Das ist dasselbe, als würden Sie *jedes Jahr* 60.000 Euro ausgeben, um Ihr 20.000-Euro-Auto fahrbereit zu halten!

Schritt 8:
Anwendung der Strichcode-Technologie

Immer mehr Unternehmen gehen zur Strichcode-Technologie über, einer produktiven Hightech-Methode, um Instandhaltungsaktivitäten zu managen und zu kontrollieren. Während der Strichcode in Supermärkten und vielen Geschäften sowie im Produktionsbereich für die Bestandsaufnahme an der Tagesordnung ist, wird er für die Instandhaltung nicht häufig genutzt. Er bietet viele Vorteile. Zum Beispiel macht er es überflüssig, Informationen aufzuschreiben, etwas, das viele Instandhalter anscheinend nicht besonders gern tun.

Und so funktioniert es: Jede Anweisung von Instandhaltungsarbeiten (wenn Sie es wünschen, einschließlich PM oder sogar der von den Arbeitern durchgeführten Checklisten) wird beim Ausdruck mit einem Strichcode versehen. Der Computer kennt den Inhalt der Arbeitsanweisung. Wenn die Instandhaltungsfachkraft mit der Arbeit beginnt, liest er oder sie mit einem Barcode-Leser die Arbeitsanweisung und die Personalmarke, die ebenfalls codiert ist. Jetzt weiß der Computer, dass mit dem Job begonnen wurde, wann und von wem, und holt den Job aus dem Arbeitsrückstand in die aktive Datei.

In den Lagern, wo Ersatzteile ausgegeben werden, werden alle Teile mit einem Strichcode-Etikett versehen; bei kleinen Teilen in Schubläden befindet sich das Etikett auf der Schublade oder in einem Katalog. Die Arbeitsanweisung wird mit dem Barcode-Leser erfasst, und jedes aufgrund dieser Arbeitsanweisung ausgegebene Ersatzteil wird ebenfalls gelesen. Das bewirkt zwei Dinge: 1. Die Ersatzteile und Kosten werden automatisch der Arbeitsanweisung zugeschrieben. 2. Das Bestandsverzeichnis wird automatisch angepasst, und es kann sogar eine Nachkaufanforderung herausgegeben werden, wenn eine Mindestmenge des Lagerbestands erreicht ist. Nachts, wenn die Lager nicht besetzt sind, oder in gänzlich unbesetzten Lagern wird der Zugang zum Lager durch eine Kennmarke mit Strichcode ermöglicht. Der Computer weiß, wer wann das Lager betreten hat.

Als Nächstes geht der Instandhaltungsmitarbeiter zu der Maschine, um den Job auszuführen, und liest das Strichcode-Etikett auf der Maschine.

Wenn die Arbeit beendet ist, wird die Arbeitsanweisung wieder gelesen, um den Job abzuschließen. Jetzt hat der Computer alle Informationen, um Folgendes zu tun (ohne dass der Instandhaltungsmitarbeiter irgendetwas aufschreiben muss):

1. Abschluss der Arbeitsanweisung, einschließlich Datum, totaler Kosten und benötigter Zeit, und Herausholen der Arbeitsanweisung aus dem File für die laufenden Arbeitsanweisungen
2. Eintragen des Jobs in das Maschinenlogbuch (nach Maschinennummer), einschließlich Datum, Nummer der Arbeitsanweisung, Arbeitsbeschreibung, Zeit- und Arbeitskosten, Materialkosten, Gesamtkosten, aufsummierte Kosten und ihr Prozentwert von den Kosten für eine Ersatzmaschine
3. Berechnung der PM-Erfüllung (eingeplante PM-Arbeiten verglichen mit den tatsächlich ausgeführten)
4. Ausgabe einer Liste der PMs, die im geplanten Zeitraum nicht ausgeführt wurden
5. Berechnen von Leistungsindizes, falls Zeitabschätzungen genutzt wurden, wie etwa Produktivität, Auslastung und Arbeitsleistung
6. Berechnen der Abstände zwischen Maschinenversagen (MTBF), wenn in der Arbeitsanweisung Maschinenstillstand codiert wird und die Betriebsstunden eingegeben werden
7. Die Bestandslisten bleiben auf dem neuesten Stand, einschließlich Verwendung der Ersatzteile, monatliche Materialkosten, Kosten des Materials für die Betriebsanlagen usw.
8. Aufstellung der gesamten Arbeitsstunden, die jeweils von den Betriebsanlagen, vom Arbeitsbereich, vom ganzen Werk gebraucht werden, und Bezeichnung der Art von Arbeit (Ausfall, geplante Wartung, PM usw.)
9. Erzeugen von anderen, nach Bedarf entworfenen Berichten

Wie Sie sehen können, bietet der Strichcode zu vernünftigen Kosten äußerst umfangreiche Mittel für Management und Kontrolle der Instandhaltung. Die Technologie ist vorhanden, die Software ist vorhanden; alles, was Sie tun müssen, ist ein System zu entwickeln, das zu Ihren Bedürfnissen passt. Der schwierigste Teil ist die Umstellung der Instandhaltungslager auf den Strichcode. Aber dies ist eine einmalige Aufgabe und der Mühe wert, wenn man die gewonnene Kontrolle und Übersichtlichkeit bedenkt.

Der attraktive Teil des Strichcodes ist, dass die Schreibarbeit vollständig und das Papier zum größten Teil entfällt. Die Instandhalter gewöhnen sich schnell an dieses System und mögen es im Allgemeinen. Das Management schließlich bekommt die Mittel und die Daten, die benötigt werden, um Instandhaltung *und* Betriebsanlagen zu managen.

Schritt 9:
Entwicklung eines Berichtssystems

Leider befinden sich viele Unternehmen in einem Blindflug, wenn es um gutes PM-Management geht. Das Fehlen nutzbarer PM-Berichte trägt hierzu bei. Sie verbringen den größten Teil ihrer Zeit und Anstrengungen damit, auf Störungen zu reagieren, und PM wird auf einer Ad-hoc-Basis durchgeführt, mit geringer Planung und sehr wenigen Berichten, wenn überhaupt. In einem solchen Umfeld ist es schwierig, Fortschritte zu machen, ganz zu schweigen von einer grundlegenden Verbesserung. Lassen Sie es nicht so weit kommen.

PM verlangt viel Engagement und Disziplin. Und die Ergebnisse sind nicht sofort zu erkennen. Deshalb ist auch Geduld erforderlich. Wenn Ergebnisse erkennbar werden, dann müssen Sie diese dokumentieren, um Ihre Investition in PM zu rechtfertigen und das Projekt fortzusetzen.

Aus diesem Grund gibt es zwei Typen von PM-Berichten. Der eine Typ zeigt, wie gut Sie Ihre PMs durchführen, und der andere legt dar, wie erfolgreich Ihre PM-Aktivitäten in Bezug auf das einwandfreie Funktionieren Ihrer Betriebsanlagen sind.

Der *Kontrollbericht* enthält folgende Punkte:

- PM-Erfüllung (der Umfang, nach Terminplan durchgeführt, verglichen mit der geplanten PM-Aktivität)
  Ziel: 100 Prozent für Maschinen der Dringlichkeit 1
  90 Prozent +/- für Maschinen der Dringlichkeit 2
  80 Prozent +/- für Maschinen der Dringlichkeit 3
- PM-Leistung, -Auslastung und -Produktivität wie in Schritt 8 diskutiert
- PM-Kosten (Arbeit und Material)
  - für Maschinen (je Maschine)
  - für Instandhaltung und Maschinenführer (dieses Verhältnis wird sich während TPM verschieben, deshalb müssen Sie es aufzeichnen)
  - durch Lieferanten, falls vorhanden
  - Summe der PM-Kosten für die Abteilungen und das Werk
- Maschinenlogbuch – nicht nur als Bericht, sondern als ein Hilfsmittel zu benutzen

Der monatliche Bericht umfasst folgende Punkte:

- Ausfallstunden
  (Die Ausfallstunden werden häufig von der Produktion geliefert.)
  - der Maschinen
  - in der Abteilung
  - im Werk
- Trend der Ausfallzeiten (wie oben)
- Zwischenzeit (MTBF) zwischen den Ausfällen für jede Maschine der Dringlichkeit 1 und 2
- Wert der gesteigerten Produktionszeit, wenn möglich korreliert mit den PM-Kosten.

Das Erstellen und Nutzen dieser Berichte hilft Ihnen, PM in einer organisierten Form durchzuführen. Wenn Sie die PMs richtig und nach einem Zeitplan ausführen, dann werden die Ausfallzeiten abnehmen, und die Leistung der Betriebsanlagen wird ansteigen. Es ist wichtig, diesen Fortschritt zu messen, da der Wert von guten PMs nicht für jeden im Betrieb offensichtlich ist.

Schritt 10:
Einführen der PM-Organisation

Ein PM-System, wie es gerade beschrieben wurde, kann nur erfolgreich sein, wenn es von einer guten PM-Organisation unterstützt wird. Es ist *sehr empfehlenswert*, eine spezielle PM-Arbeitsgruppe einzusetzen (das heißt PM-Spezialisten, die nur PM machen und an ihrem Zeitplan festhalten). Wenn Sie es schaffen, Ihren PM-Arbeitsaufwand auszugleichen (Schritt sechs), dann kann die PM-Arbeitsgruppe stabil bleiben.

Und überraschenderweise ist bei diesem System Ihre PM-Arbeitsgruppe nicht groß (insbesondere wenn Ihre Maschinenführer sich am TPM-PM beteiligen). Das Addieren der für alle PM-Arbeitsanweisungen und Instandhaltungschecklisten geschätzten Zeiten (einschließlich Wege- und Verteilzeiten) wird die gesamten Arbeitsstunden pro Woche ergeben. Teilen Sie diese Zahl durch die Beschäftigungsstunden pro Woche, um das benötigte spezielle Personal zu erhalten.

Wenn Sie erst einmal die Arbeitsgruppe festgelegt haben, dann können Sie die Struktur der Organisation bestimmen. Die meisten Betriebe werden mit einer ziemlich einfachen Organisation auskommen (eine kleine PM-Gruppe innerhalb der Instandhaltung). Große Betriebe jedoch werden möglicherweise einen PM-Gruppenleiter für eine Gruppe mit zehn oder mehr Mitarbeitern benötigen und vielleicht einen speziellen PM-Planer und -Disponenten.

Die Geheimnisse einer erfolgreichen PM

Es wurde über einen längeren Zeitraum hin festgestellt, dass Unternehmen mit einem sehr erfolgreichen PM-Programm folgende Elemente anwenden:

- ein gutes, computerunterstütztes *System*
- PM-*Routen* für von der Wartung ausgeführte PMs
- *spezielle* PM-Arbeitsgruppen (nicht unbedingt vollzeitig)
- festgelegte und befolgte *Dringlichkeit*
- gute *Berichte* und Maschinenlogbücher
- absolutes *Engagement* des Managements für PM

Auf die Maschinenführer gestützte PM (innerhalb TPM)

Der zweite und sehr erfolgreiche Weg für Ihre PM-Verbesserungsstrategie ist, so viele PM-Routinearbeiten wie möglich auf die Maschinenführer zu übertragen. In einigen Fällen wird das ziemlich einfach zu erreichen sein, insbesondere wenn die Maschinenführer bereits an der Reinigung der Maschinen, an deren Einrichtung und Justierung, am Beseitigen kleinerer Probleme wie etwa Blockierungen usw. beteiligt sind. Sie sind im Allgemeinen motiviert, noch mehr an ihren Maschinen zu tun. Dann stellt sich die Frage, was übertragen wird und wie die notwendige Schulung durchgeführt werden soll. In späteren Kapiteln wird noch erläutert, wie man dies angeht.

Hier und da ist das Gegenteil der Fall. Die Maschinenführer werden sich dagegen wehren, ihre Maschinen »anzufassen«, häufig weil sie über Jahre von der vorhandenen Firmenpolitik oder -praxis davon abgehalten wurden. Manchmal halten Arbeitsvereinbarungen zwischen der Gewerkschaft und dem Management die Maschinenführer davon ab, irgendetwas anderes als »einfache Werkzeuge« zu benutzen.

Auf die Maschinenführer gestützte PM bietet eine einzigartige Gelegenheit, die Leistung Ihrer Betriebsanlagen wesentlich zu steigern bei gleichbleibendem (oder sogar abnehmendem) gesamten Instandhaltungskosten. Es schafft neue Möglichkeiten für Beteiligung, Engagement und Schulung der Maschinenführer.

Computerfreundlich

Es ist selbstverständlich, dass das vorausgehend beschriebene PM-System computerunterstützt sein muss.

Die PM-Arbeitsanweisungen und -Checklisten werden im Büro des Planers oder in der Werkshalle ausgedruckt. Es ist praktisch unmöglich, einen handschriftlichen Zeitplan mit so vielen laufenden PM-Aktivitäten herzustellen. Die Automatisierung der Datensammlung und der Erstellung von Berichten ist ein Muss. Dasselbe gilt für die Bestandskontrolle der Wartung.

Glücklicherweise stehen zahlreiche CMMS (Computerized Maintenance Management Systems) zur Verfügung, die bei der Unterstützung Ihres PM-Systems gute Arbeit leisten. Viele sind PC-gestützt, die meisten unterstützen ein LAN (Local Area Network)-System. Für große Betriebe gibt es mini- und mainframegestützte CMMS-Programme.

In Betrieben mit vorhandenem CMMS bringt die Einführung von TPM eine zusätzliche Herausforderung. Sie müssen eine neue »Branche«, nämlich die Maschinenführer, in ihr Planungssystem einfügen. Die Verteilung von PM-Checklisten und Terminplänen ist weitreichender und kann zusätzliche Terminals (PCs) in der Werkshalle bedeuten. Das Berichtsystem muss zwischen Aufgaben, die vom Instandhaltungspersonal oder von den Maschinenführern ausgeführt wurden, unterscheiden. Mehr Leute, einschließlich der Maschinenführer, müssen für die Eingabe der PM-Daten geschult werden.

Die meisten guten PM-Programme können jedoch ohne größeren Aufwand angepasst werden. Es ist wichtig, zuerst Ihren Bedarf und die Spezifikationen bezüglich TPM zu erarbeiten und dann ein System, das die Durchführung und Kontrolle Ihres verbesserten PM-Programms unterstützen wird, anzupassen oder anzuschaffen. Denken Sie daran, machen Sie keinen Blindflug!

9

Verbesserung der Betriebsanlagen mithilfe von Techniken zur Problemlösung

TPM-EM, Management der Betriebsanlagen/Verbesserung der Betriebsanlagen, ist die dritte Komponente des TPEM-Verfahrens (Total Productive Equipment Management). Aber in vielen Unternehmen wird sie als Erste angewandt. Es gibt verschiedene Gründe für diese Vorgehensweise.

Im Gegensatz zu TPM-AM und -PM steuern die Maschinenführer hier ihr Denkvermögen und ihre Erfahrung mit den Betriebsanlagen bei, keine manuelle Arbeit. Sie beteiligen sich an Arbeitsgruppen, die Maschinenprobleme analysieren und Verbesserungsvorschläge entwickeln. Ein anderer Grund ist, dass TPM-EM häufig zu schnellen und signifikanten Verbesserungen führt, was Ihnen einen Schnellstart zu einer erfolgreichen TPM-Installation ermöglicht. Weiterhin führt EM zu einer frühzeitigen und »unbedrohlichen« Einbeziehung der Maschinenführer in TPM und ihren Betriebsanlagen, wodurch Vertrauen und Motivation, mit TPM-AM und -PM weiterzumachen, aufgebaut werden. Und die Mitarbeiter müssen mit der Instandhaltung und dem Engineering zusammenarbeiten, ein bedeutender Schritt im Prozess des Teamaufbaus.

CATS

Um den Prozess zu beginnen, werden TPM-Kleingruppen, manchmal »Creative Action Teams« oder »Continuous Improvement Action Teams« (CATS) genannt, aufgebaut aus Maschinenführern, die an einer speziellen Maschine, verschiedenen ähnlichen Maschinen oder in Teilbereichen einer Verfahrens- oder Montagestraße arbeiten. Ungefähr fünf bis sieben Arbeiter bilden eine Arbeitsgruppe in der richtigen Größe. Die Arbeitsgruppe benötigt die Unterstützung durch mindestens einen Mitarbeiter der Instandhaltung, der mit ihrer Maschine vertraut ist, und einen Verfahrens-, Produktions- oder REFA-Ingenieur, der gleichfalls mit der Maschine vertraut ist und Anleitung während des Analyse- und Verbesserungsprozesses geben kann. Abhängig von Ihrer Unternehmenskultur und Organisationsstruktur kann der Meister oder Koordinator dieses Bereichs ebenfalls an den CATS-Treffen teilnehmen.

Das Hauptziel dieser Arbeitsgruppen ist die Identifizierung und Analyse von Maschinenproblemen und dann die Entwicklung von Lösungen und Verbesserungsvorschlägen.

Füttern der CATS

Die CATS benötigen Informationen und Daten, um erfolgreich zu sein. Sie beschäftigen sich täglich mit Ausfällen, geringeren Stillständen, Verzögerungen, reduzierter Geschwindigkeit, langen Rüstzeiten und anderen

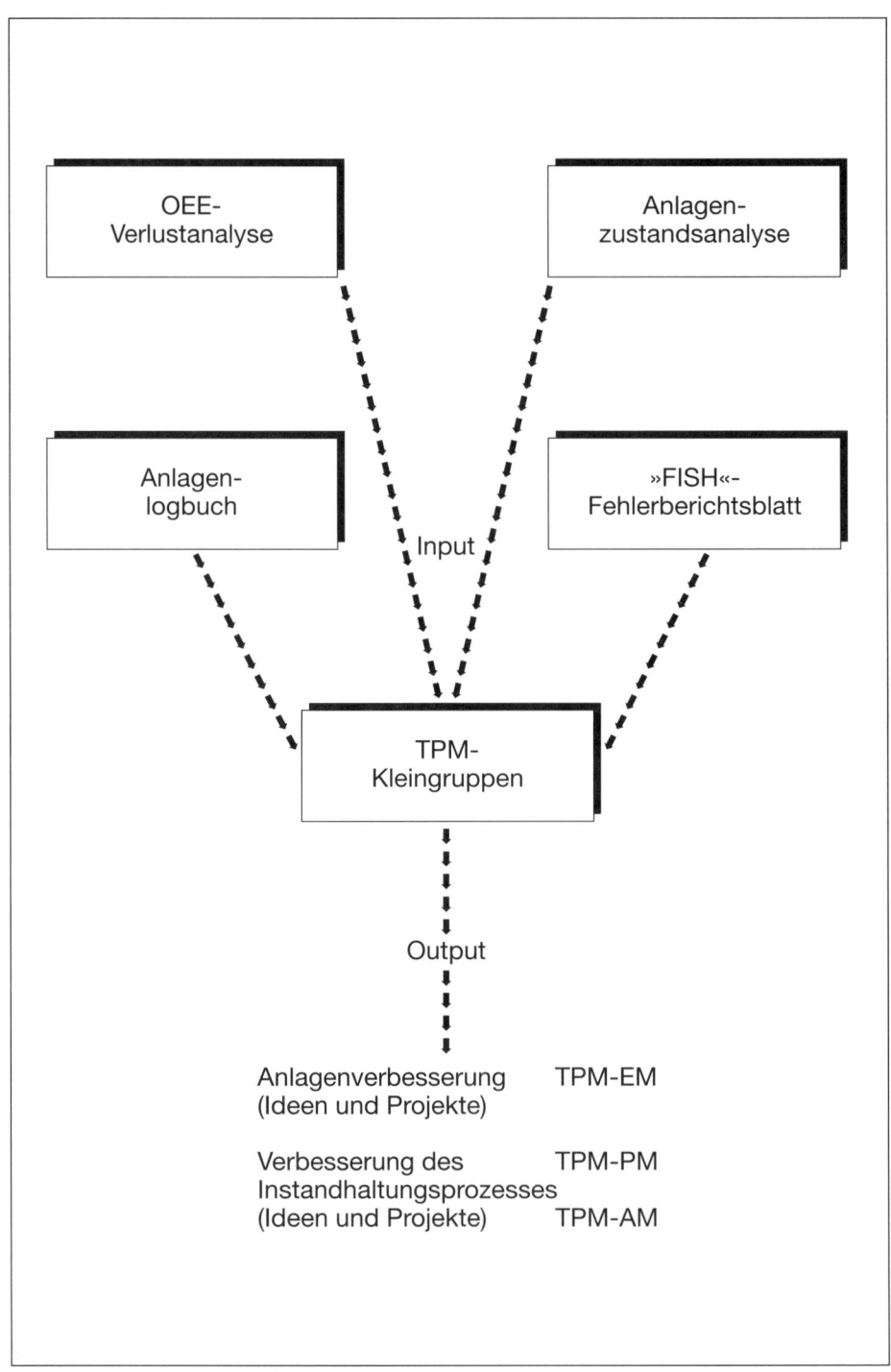

Abbildung 18: TPM-Aktivitäten in kleinen Gruppen

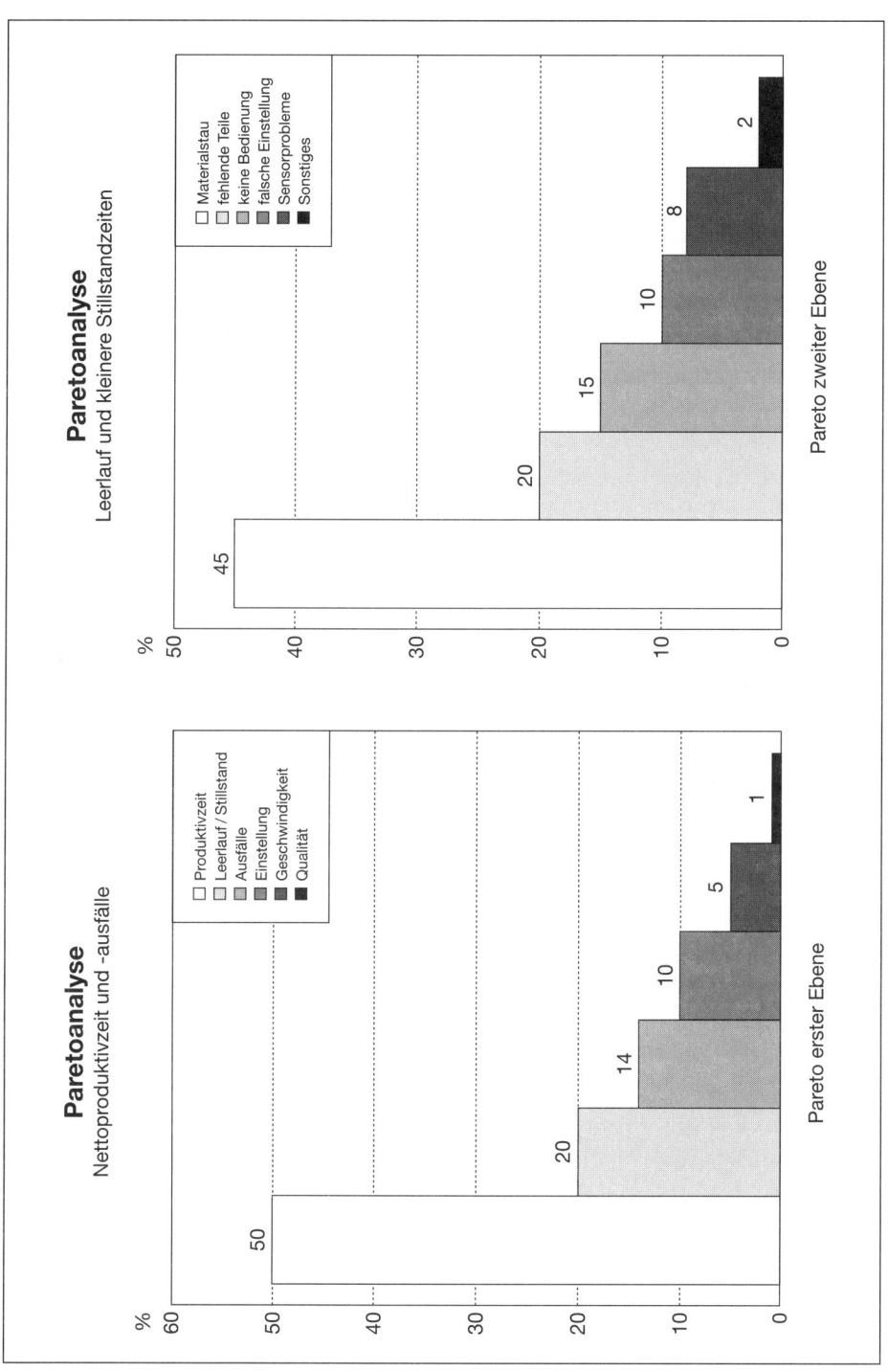

Abbildung 19: Paretoanalyse

Problemen. Sie werden vielleicht verbesserte Maschinen brauchen, um sicherer und leichter zu arbeiten. Welches sind die größten Probleme, die besten Verbesserungsmöglichkeiten? Sie brauchen Input, Daten.

Abbildung 18 verdeutlicht den Prozess der Aktivitäten von CATS oder TPM-Kleingruppen. Es gibt vier Hauptquellen des Inputs:

1. OEE-Verlustanalyse

Diese Daten sollten aus der Machbarkeitsstudie verfügbar sein, in der die Betriebsanlagen sorgfältig gemessen und studiert sowie die verschiedenen Verluste identifiziert und quantifiziert wurden. Manchmal wird von dieser Studie eine Paretoanalyse zur Verfügung gestellt, wenn nicht, werden die CATS eine eigene entwickeln. Wie das Beispiel in Abbildung 19 verdeutlicht, zeigt die Paretoanalyse zweiter Stufe einen 20-prozentigen Verlust aufgrund von Leerlauf und kleineren Störungen. Angenommen, das Team entscheidet, dass dies gute Verbesserungsmöglichkeiten bietet (das tut es fast immer!), dann könnten sie zur Paretoanalyse zweiter Stufe übergehen und die Gründe für den Leerlauf und kleinere Störungen analysieren und quantifizieren.

Wie abgebildet, ist Materialstau für annähernd die Hälfte der wegen kleinerer Störungen verlorenen Zeit verantwortlich. Eine Paretoanalyse dritter Stufe, oder eine kurze Studie, könnte jetzt dazu beitragen, festzustellen, wo diese Materialstaus auftreten und wie viel Zeit jeweils verloren geht. Jetzt beginnt die Arbeitsgruppe damit, die *Gründe* für den Materialstau aufzudecken und Verbesserungen zu entwickeln, wie diese Materialstaus in Zukunft vermieden werden können. Wenn das Team die Eliminierung aller Materialstaus erreichen würde, so wäre dies eine Verbesserung des OEE um 9 Prozent.

Gute OEE-Analysen sind ausgezeichnete Hilfsmittel für die Aktivitäten zur Maschinenverbesserung, da sie nicht nur die Probleme und Verluste der Maschinen deutlich *identifizieren*, sondern sie auch in Minuten pro Tag und Prozentzahlen *quantifizieren*. Es ist wichtig, dass einige oder alle Gruppenmitglieder lernen, wie eine OEE-Studie durchgeführt wird, und dass sie dann einige auf ihren Maschinen ausführen.

2. Analyse des Betriebsanlagenzustands

Das Formular in Abbildung 20 ist eines der wirksamsten Mittel, um Ihre Maschinenführer frühzeitig (und manchmal mit Begeisterung) für ihre Maschinen und den TPM-Vorgang zu interessieren. Es ist ein strukturiertes Vorgehen, das die Maschinenführer veranlasst, ihre Betriebsanlagen zu

Anlagennummer _____ Anlagenbeschreibung _____

Datum _____ Ausgewertet durch _____

schlecht	genügend	durchschnittlich	gut	ausgezeichnet	Gesamt-note:
1	2	3	4	5	

1. Zuverlässigkeit	
Kommentare:	

2. Fähigkeit (Was können Sie von Ihrer Maschine erwarten? Zum Beispiel verbesserte Leistung). Andere Frustrationen usw.	
Kommentare:	

3. Allgemeiner Zustand	
Äußere Erscheinungen, Sauberkeit	
Bedienungskomfort	
Sicherheit	
Umgebung	
Kommentare:	

Abbildung 20: TPM-Anlagenzustandsanalyse

kritisieren und zu demonstrieren, dass ihre Maschinen Verbesserungen und eine bessere Instandhaltung gebrauchen könnten. Es ist viel weniger präzise und subjektiver als die OEE-Analyse. Manchmal erscheinen recht emotionale Bemerkungen auf den zurückgegebenen Formularen. Diese Analyse beinhaltet jedoch einige verschiedene Aspekte wie etwa fehlende Fähigkeiten oder den allgemeinen Zustand der Betriebsanlagen, die in der OEE-Analyse nicht enthalten sind. Wenn beide Studien bei den CATS-Treffen als Information zur Verfügung stehen, dann ermöglichen sie die beste und vollständigste Beurteilung Ihrer Betriebsanlagen.

Die Betriebsanlagen werden beurteilt nach:

- Zuverlässigkeit
- Fähigkeiten
- allgemeinem Zustand
    - Aussehen/Sauberkeit
    - Bedienungsfreundlichkeit
    - Sicherheit
    - Umgebung

Ihre Betriebsanlagen benötigen gegebenenfalls andere oder zusätzliche Kriterien.

Die Bewertungsskala sieht folgendermaßen aus:

1. *Schlecht*
   (unterhalb jeder Norm, sollte nicht benutzt werden)
2. *Genügend*
   (gerade noch akzeptabel, unterhalb der Norm)
3. *Durchschnittlich*
   (entspricht den Anforderungen, kann verbessert werden)
4. *Gut*
   (Verbesserungen denkbar)
5. *Ausgezeichnet*
   (entspricht den oder übertrifft alle Erwartungen)

Diese Bewertungsskala wird auf alle Kriterien angewandt. Der allgemeine Zustand ist in vier Punkte gegliedert, die getrennt bewertet werden und von denen dann der Durchschnitt genommen wird. Als Nächstes wird als Gesamtbewertung der Betriebsanlagen der Durchschnitt der Bewertungen für Zuverlässigkeit, Fähigkeit und für den allgemeinen Zustand bestimmt.

Bewertungsskala	Zustand	Mögliche Aktionen
1 schlecht	– unterdurchschnittlich – schwierig zu handhaben – unzuverlässig – sehr geringe OEE – hält die Toleranzen nicht ein – keine Verbesserung durchgeführt – Bedienung nicht sicher – hohe Ausschussrate – keine PM	Sofortmaßnahmen erforderlich – außer Betrieb nehmen – umbauen – PM starten – Funktionalität und Sicherheit verbessern – reinigen – neu lackieren – verstecken
2 genügend	– gerade noch akzeptabel – teilweise unterdurchschnittlich – nicht leicht zu handhaben – eingeschränkte Tauglichkeit – verschmutzt – niedrige OEE – hohe Ausschussrate – sehr wenig PM	Kurzfristige Maßnahmen erforderlich – umbauen – Funktionalität und Sicherheit verbessern – PM verbessern – reinigen – Inspektion verbessern

3
 	
durchschnittlich
	– erfüllt die Anforderungen
	– ausreichend zuverlässig
	– PM wird durchgeführt
	– aber nicht in gutem Zustand
	– teilweise eingeschränkt tauglich
	– unauffälliges Aussehen
	– mittlere OEE
	– mittlere Ausschussrate
		Maßnahmen erforderlich
		– die notwendige Funktionalität
		  verbessern
		– Inspektion verbessern
		– PM verbessern
		– reinigen
		– keine Verschlechterung
		  zulassen

4 gut	– zuverlässige Maschine – ansprechendes Äußeres – sehr wenig Ausschuss – volles PM – gute OEE – erfüllt alle Standards	Mögliche Maßnahmen – Feinabstimmen der PM – Inspektion beibehalten – Reinigungs- und Schmier- prozedur beibehalten – verbessern, wo immer möglich – keine Verschlechterung zulassen
5 ausgezeichnet	– perfekter Zustand – sieht aus wie neu – ausgezeichnete Fähigkeiten – kein Ausschuss – verbesserte Anlage – keine Ausfälle – perfekte PM – ausgezeichnete OEE	Als Vorbild verwenden – Kunden vorzeigen – keine Verschlechterung zulassen – perfekte PM sicherstellen – absolut sauber halten – keine Ausfälle

Abbildung 21: Anlagenzustandsanalyse (Zustand – Aktion)

Es ist empfehlenswert, dass die CATS-Arbeitsgruppen diese Analyse frühzeitig, möglichst während der Machbarkeitsstudie, durchführen. Das ist ein ausgezeichneter Grund, die TPM-Kleingruppen frühzeitig im Prozess zu bilden, ihre Aufmerksamkeit auf die Betriebsanlagen und die Instandhaltung zu lenken, Motivation und Teamarbeit aufzubauen und die Bereitschaft, sich an TPM zu beteiligen, zu entwickeln.

Seien Sie nicht überrascht, wenn einige Bewertungen ziemlich schlecht ausfallen. Die Maschinenführer sind normalerweise recht kritisch mit ihren Maschinen und scheuen sich nicht, ihre Meinung auszudrücken. Aber noch einmal: Dieser Prozess erzeugt Bewusstsein und Engagement und ist »Nahrung« für die CATS. Die Gruppenmitglieder werden den Analysen und Daten, bei deren Entwicklung sie selber beteiligt waren, eher glauben und dementsprechend handeln.

Die Tabelle in Abbildung 21 listet typische, in Bewertungsskalen vorkommende Zustandsbeschreibungen auf, um die Bewertungen der einzelnen Gruppen einheitlicher zu machen. Zusätzlich werden für jeden Zustand mögliche Reaktionen gezeigt, um CATS, Management, Engineering und Instandhaltung anzuregen, den Bedarf an Verbesserung von Betriebsanlagen und Instandhaltung anzusprechen.

3. Maschinenlogbücher

Wenn das Maschinenlogbuch, wie in Kapitel 8 diskutiert, zur Verfügung steht, dann sollte es als zusätzliches Informationsmaterial für die CATS genutzt werden. OEE und die Zustandsanalyse der Betriebsanlagen zeigen normalerweise nicht wiederholte Fehler und Ausfälle, aber die Maschinenlogbücher tun es. Es ist der letzte Puzzlestein, der das Gesamtbild von Leistung, Zustand und Geschichte der Betriebsanlagen komplettiert. Es deckt auch die Instandhaltungs- und Reparaturkosten für die Maschinen auf, die bei dem Prozess der Entscheidungsfindung bezüglich der Verbesserungen berücksichtigt werden sollten.

Sehr oft wird die Entscheidung für mehr Instandhaltung (insbesondere PM) mit einem wesentlichen Gewinn aus gesteigerter Maschinenleistung (Ausstoß) und Qualitätsverbesserung belohnt.

4. Fehlerberichtsblatt (FISH)

In vielen Fällen steht kein nutzbares Maschinenlogbuch zur Verfügung. Oder vielleicht möchten Sie die Aufmerksamkeit der Maschinenführer noch mehr auf die Maschinenstörfälle konzentrieren. Das Fehlermeldeblatt ist hierfür das perfekte Mittel. Es ist ein Formular (Abb. 22), das

Anlagennr.——————————— Anlagenbeschreibung ——————

Datum ————— Uhrzeit ————— Mitarbeiter——————————

1. Was ist geschehen? (Beschreiben der Störung)

2. Warum? (Was hat nach Ihrer Meinung die Störung verursacht?)

3. Was sollte man dagegen tun?
(Um zukünftigen Störungen der gleichen Art vorzubeugen)

Abbildung 22: TPM-Fehlerberichtsblatt (»FISH«)

jedes Mal, wenn ein Versagen auftritt, von den Maschinenführern ausgefüllt wird. Es stellt drei recht einfache Fragen und verlangt einiges Feedback, einschließlich Spekulationen.

Wie bei der Zustandsanalyse der Betriebsanlagen sollten Sie sich auf einige Überraschungen vorbereiten, diesmal aber auf positive. Der frühere Gebrauch dieses Formulars hat gezeigt, dass die Maschinenführer nicht nur sehr genau beschreiben konnten, was passiert war, sondern in den meisten Fällen auch genau wussten, was den Ausfall verursacht hatte. Und am wichtigsten war, dass viele Antworten auf die dritte Frage »Was sollte man dagegen tun?« äußerst nützliche Vorschläge waren, die zu einer schnellen und signifikanten Reduktion der Ausfälle führten! Zumindest lieferten sie den CATS-Treffen Diskussionsmaterial, was schließlich zu Verbesserungen führte. Das ist der Grund, warum CATS so gerne FISH mögen; die kreativen Aktionsgruppen halten die Fehlermeldeblätter und die darin enthaltenen Informationen für sehr nützliche Hilfsmittel für ihre Arbeit.

Mit so viel verfügbarer Information, OEE, Verlustanalyse, Betriebsanlagenzustand, Informationen zu Vorgeschichte und Störfällen, sind die Arbeitsgruppen gut gerüstet, um zahlreiche und kontinuierliche Verbesserungen an ihren Maschinen zu entwickeln. Manchmal stellt sich die Frage, wo man beginnen soll. Es ist naheliegend, dass alles, was den Durchlauf einer Engpassmaschine verbessern wird, Priorität hat.

ROI ist eine weitere Überlegung: die Kosten der Verbesserung verglichen mit den Nutzen. Die meisten Projekte jedoch, die Leerlauf und geringfügige Störungen, manchmal sogar Ausfälle reduzieren, sind nicht so teuer. Häufig sind das Fehlen einer richtigen PM und mangelnde Säuberung der Grund für das Problem, und in diesen Fällen können sich die Maschinenführer selber helfen. Aus diesem Grund ist es die empfehlenswerte Vorgehensweise, mit TPM-EM zu beginnen. Es motiviert die Maschinenführer, sich an TPM-PM und -AM zu beteiligen.

Die Sitzungen der kreativen Arbeitsgruppen

Wenn es plötzlich so viel zu tun gibt, dann ist es wichtig, die Sitzungen sorgfältig zu planen, um nicht zu viel Produktionszeit zu verlieren und um ein gutes Vorankommen der Arbeitsgruppen zu erreichen. Die Sitzungen sollten im Voraus zu einem regelmäßigen Zeitpunkt eingeplant werden, wie etwa jeden Mittwochmorgen um 8.00 Uhr, und sollten etwa eine Stunde dauern. Selbstverständlich werden Häufigkeit und Dauer der Sitzungen entsprechend ihrem Bedarf und dem Erfolg der Arbeitsgruppen variieren. Manche Teams werden sehr produktiv sein und viele Verbesserungen entwickeln, andere dagegen nicht.

Der Gruppenleiter ist entscheidend für den Erfolg der CATS. Er muss die Gruppenmitglieder anleiten und motivieren, ohne die Diskussionen zu dominieren. Probieren Sie verschiedene Möglichkeiten aus, einen Vorarbeiter, einen Gruppenleiter, einen Instandhaltungsfachmann oder einen Ingenieur, um festzustellen, was in Ihrem Umfeld am besten funktioniert. Ein Ingenieur ist ratsam bei komplexen technischen Situationen oder wenn viel Schulung oder Analyse nötig ist, aber vielleicht haben Sie nicht genügend Ingenieure für alle Arbeitsgruppen. Es ist auch ganz gut möglich, die Gruppenleitung rotieren zu lassen, wenn ein Team erst einmal effizient arbeitet.

Eine gut geplante Agenda ist ebenfalls wichtig. Die Arbeitsgruppen sollten bei jedem Punkt einem festgelegten Programm folgen. Sie sollten sich bei diesen Sitzungen Notizen machen, damit es ein Protokoll darüber gibt, für welche Aktionen sie sich entschieden haben, wer diese Maßnahmen ausführen wird und über die gesetzten Termine. Sie können Kopien dieser Notizen an speziellen Anschlagbrettern überall im Betrieb aushängen, damit andere Arbeiter und Arbeitsgruppen wissen, was die CATS tun und welchen Erfolg sie erzielen.

Analyse der Probleme

Ihre Arbeiter haben wahrscheinlich nie eine formelle Schulung in Fehleranalyse gehabt. Sie schulen sie in verschiedenen einfachen Techniken, die ihnen helfen können, die möglichen Ursachen eines Maschinenschadens zu analysieren und durchführbare Lösungen vorzuschlagen.

Die erste Technik ist die *Paretoanalyse*, manchmal die 80/20-Regel genannt. Sie wurde im 19. Jahrhundert von einem italienischen Volkswirtschaftler mit Namen Pareto erfunden, der beobachtet hatte, dass 20 Prozent der Bevölkerung 80 Prozent des Vermögens des Landes besaßen. Diese Regel kann auf viele Situationen angewendet werden, einschließlich den Ausfall von Betriebsanlagen. Es kann zehn wichtige Gründe für ein Maschinenversagen geben, aber nur zwei Ursachen werden wahrscheinlich für 80 Prozent der Ausfälle verantwortlich sein. Wenn Sie sich darauf konzentrieren, diese beiden Ursachen zu finden, dann können Sie Prioritäten für Verbesserungen von Betriebsanlagen und Instandhaltung setzen.

Die Paretoregel ist einfach anzuwenden. Sie listen einfach die wichtigen Ursachen für einen Ausfall auf sowie die Anzahl der Ausfälle pro Ursache und die gesamte Ausfallzeit für jede Ursache. Erstellen Sie dann ein Blockdiagramm, um die Hauptursachen grafisch darzustellen. Wenn auch

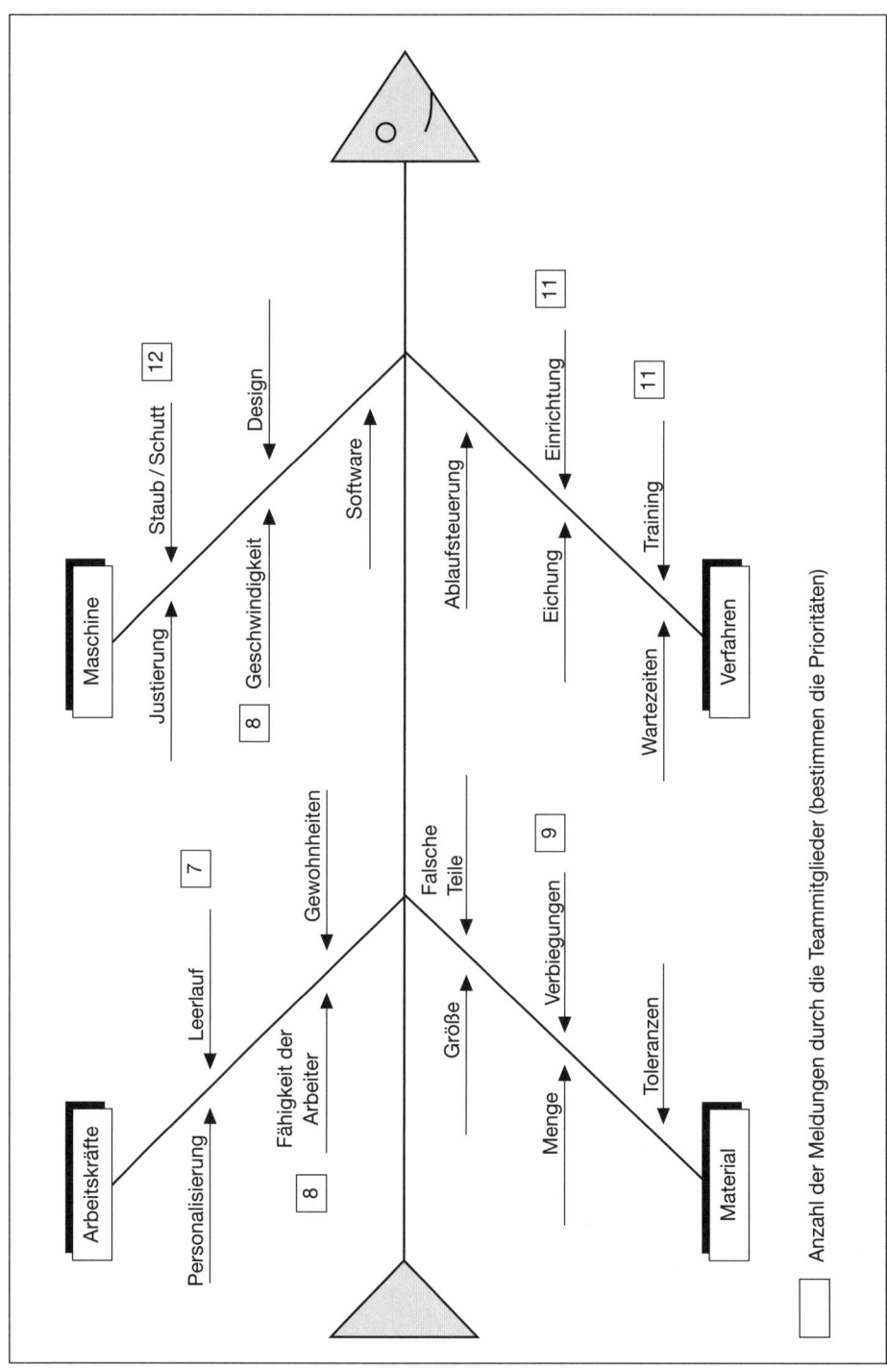

Abbildung 23: Ursachen- und Wirkungsdiagramm (Fischgräte)

Pareto für Analyse und Quantifizierung von Problemen gut geeignet ist, so ist er doch nicht sehr nützlich bei der Lösung dieser Probleme.

Um nach Lösungen für Ihre Maschinenprobleme zu suchen, werden Sie Ihre Maschinenführer in der Anwendung des *Ursachen- und Wirkungsdiagramms* (Abb. 23), auch als Fischgrätdiagramm bekannt, unterrichten wollen. Die verschiedenen Probleme, die mit dem Material, der Maschine, der Arbeitskraft und der Methode verbunden sind, werden auf der diagonalen Linie notiert, die zum Rückgrat führen, das den Effekt darstellt: der Ausfall oder die Fehlfunktion. Das Erstellen dieses Diagramms ermutigt die Arbeitsgruppen, Ursachen und deren Auswirkungen auf die Betriebsanlagen zu bestimmen. Es weist auch auf Lösungen hin, indem es die Verbindung zwischen Ursache und Wirkung aufzeigt. Nachdem das Fischgrätdiagramm fertiggestellt ist, stimmt das Team häufig über die verschiedenen Ursachen ab, um Prioritäten für die Problembeseitigung festzusetzen.

Ein drittes analytisches Werkzeug ist die TPM-Schwachstellenanalyse (FMEA). Sie verlangt ein wenig intensiveres Nachdenken und ist ein gutes Mittel bei einem speziellen Problem. Hierbei sollten Ihre Maschinenführer ein gewisses Grundwissen in Physik und Mechanik haben. Manchmal werden Sie entdecken, dass das Problem mehr als eine Ursache hat. Um dieses Problem zu lösen, brauchen Sie eine sehr systematische und wissenschaftliche Vorgehensweise. Sie versuchen eine Lösung nach der anderen, bis Sie das Problem eingegrenzt haben und die Ursache für das Problem beseitigen können.

Beim industriellen Engineering ist die *Methodenanalyse* ein elementares Hilfsmittel bei einer REFA-Analyse, das sich auf die Produktionsmethoden konzentriert. Flussdiagramme werden erstellt, um den Produktionsverlauf zu zeigen und welche nicht notwendigen zusätzlichen Aktivitäten zu Verzögerungen und Engpässen beim Transport der Produkte entlang der Produktionsstraße beitragen. Wenn Sie wissen, welche Aktivitäten Verzögerungen verursachen, dann können Sie sich auf die Beseitigung der Probleme und das Verkürzen des Verfahrensflusses konzentrieren.

Hier wurde nur die oft gebrauchte Analysemethode beschrieben, mit deren Anwendung die Maschinenbediener normalerweise keine Probleme haben. Selbstverständlich hat jede Firma weitere Analysemethoden und Daten zur Verfügung, die im geeigneten Moment den TPM-Teams zur Verfügung gestellt werden. Wichtig dabei sind auch finanzielle Daten, wobei die Teams angespornt werden, sehr bald das »Kosten-Nutzen-Denken« anzuwenden, d. h. den ROI (Investitionsrückfluß) jedes Projektes zu errechnen, was ebenfalls zur Bestimmung der Priorität bei einer Vielzahl von Projekten gebraucht werden kann.

Die Reaktion der Arbeiter

Wenn Sie diesen Richtlinien folgen, dann sind Sie auf dem richtigen Weg, um Ihre Arbeiter richtig zu motivieren. Das ist oft der erste Schritt bei einer maßgeschneiderten TPM-Installation. Wenn Sie den Maschinenführern Eignerschaft über die Maschine und deren Probleme übertragen, dann erreichen Sie, dass diese die Probleme gelöst sehen wollen. Sie werden sicher sein wollen, dass sie nicht wieder auftreten. Deshalb ist es wahrscheinlicher, dass sie motiviert sind, sich an Aktivitäten des Maschinenmanagements (TPEM) zu beteiligen, einschließlich einer vermehrten Beteiligung an Wartungsaktivitäten beim TPM-PM und schließlich TPM-AM. Sie werden feststellen, dass die Maschinenführer und die anderen Gruppenmitglieder sehr stolz auf ihre Leistungen sein werden.

Sie können jetzt ihre Maschinen verbessern und als ein unabhängiges CATS-Team mithilfe der Instandhaltung Probleme analysieren und lösen. Anerkennen und belohnen Sie diese Leistungen. Positive Bestärkung durch das Management ist ein starker Motivationsanreiz. Lassen Sie das Team eine Präsentation für das Management machen und zögern Sie nicht, das Team auf Geschäftskosten zu einem Essen einzuladen. Ehrenurkunden und eine Auszeichnung durch den Geschäftsführer, wurden erfolgreich eingesetzt, um die Leistungen der Arbeitsgruppen anzuerkennen und sie zu motivieren.

Überlegen Sie, ob Sie den finanziellen Nutzen mit den TPM-Teams teilen. Viele Unternehmen haben ein Verbesserungsvorschlagwesen (VVW) mit Geldpreisen. Sie können ein solches Programm ausweiten, um die von Arbeitsgruppen durchgeführten Verbesserungen und erzielten Einsparungen zu erfassen. Seien Sie innovativ und halten Sie die CATS motiviert und interessiert. Die Aktivitäten zur Verbesserung von Betriebsanlagen und Wartung hören nie auf. Die wahre produktive Maschineninstandhaltung ist ein fortlaufender Prozess, der Ihre Produktionsanlagen in eine konkurrenzfähige Weltklasseposition versetzen wird.

10

Die Machbarkeitsstudie

Die typische japanische Fabrik und die nichtjapanischen Betriebe unterscheiden sich sehr in der Art, wie sie TPM angehen. Der Grund liegt zum Teil in der Kultur und zum Teil in der Erfahrung mit TPM. In Japan kommt TPM normalerweise »von oben«, das heißt, der Vorstandsvorsitzende oder Generaldirektor des Unternehmens oder der Geschäftsführer des Betriebs gibt die Entscheidung bekannt, TPM zu installieren. Da Autorität sehr respektiert wird, stellt niemand diese Entscheidung infrage oder sträubt sich dagegen. Eine TPM-Schulung wird durchgeführt, die TPM-Organisation wird aufgebaut – und schon sind sie dabei, die Installation zu planen und durchzuführen.

Anders im typischen nichtjapanischen Betrieb. TPM wird gewöhnlich von jemandem aus dem mittleren Management oder von einem Ingenieur »entdeckt«. Danach muss es dem Topmanagement »verkauft« werden oder vor ihm gerechtfertigt werden. Ein Teil dieses Rechtfertigungsvorgangs – oder einfach eine Methode, um herauszufinden, ob der Betrieb für TPM bereit ist – ist die Machbarkeitsstudie.

Dem Autor ist nur ein einziger Vorstandsvorsitzender einer großen US-Gesellschaft bekannt, Harold A. Poling von Ford Motor Company, der in einem unternehmensweiten Schreiben zur Firmenpolitik das Konzept der »Ford Total Productive Maintenance« bekanntmachte und die Verantwortung des Topmanagements festlegte, dieses Schreiben zu interpretieren und umzusetzen.

Aber sogar bei Ford bedurfte es der Pionierleistungen von Managern wie Charlie Szuluk, Generalmanager, und von Ingenieuren wie Michael O'Connell aus der Elektronikabteilung (ELD), um das Bewusstsein für TPM zu wecken und es zuerst in den eigenen Abteilungen zu lancieren.

Es gibt jedoch Unternehmen, die tatsächlich (noch) nicht für TPM bereit sind. Manchmal ist das Firmenklima für TPM völlig ungeeignet. In seltenen Fällen hat die Gewerkschaft TPM abgelehnt, ohne überhaupt eine Studie abzuwarten. Das wird jedoch immer seltener, da die Vorzüge von TPM jedem besser bekannt werden. Ungefähr die Hälfte der Betriebe in den Vereinigten Staaten, in denen TPM gegenwärtig installiert wird, ist gewerkschaftlich organisiert.

Ein anderer Grund für die unterschiedliche Vorgehensweise ist die Erfahrung mit TPM. Praktisch jede japanische Führungskraft kennt TPM (TPM gibt es dort seit über 30 Jahren) und weiß, dass es funktioniert. Das ist in den meisten anderen Ländern nicht der Fall. Sie müssen für die Akzeptanz von TPM arbeiten und für Arbeitskräfte und Geldmittel kämpfen. Da diese Ressourcen normalerweise nicht im Überfluss vorhanden sind und klug eingeteilt werden müssen, ist eine Machbarkeitsstudie zur Bestimmung der Durchführbarkeit und Vorzüge von TPM wirklich angebracht. Unter diesen Umständen ist es sinnvoll, Prioritäten festzulegen (wo der größte Bedarf an verbesserter Maschinenleistung existiert) und in den Bereichen zu beginnen, welche die besten Chancen für einen Erfolg bieten. Wenn TPM in diesen Bereichen erst einmal erfolgreich ist, dann werden die übrigen von allein folgen. Das führt zu einer schnellen Kostendeckung im TPM-Projekt und belegt dessen Rentabilität. Es liegt auf der Hand, dass dies die Motivation zu TPM (und auch die Investitionsbereitschaft) für eine werksweite Fortsetzung fördert.

Der japanische TPM-Manager sorgt sich nicht um diese finanziellen Gegebenheiten und ist nicht damit beschäftigt, eine schnelle Kostendeckung zu schaffen. Er weiß, dass er die uneingeschränkte Unterstützung des Topmanagements hat und dass dieses die nötige Geduld aufbringt, auf die Ergebnisse zu warten, selbst wenn es drei oder mehr Jahre dauert. Er braucht keine Machbarkeitsstudie. Deshalb werden Sie in keiner früheren Literatur über TPM Informationen zur Machbarkeitsstudie finden.

Ihre Situation ist aber ganz anders. Wenn Sie kein Geld zu verlieren, keine Zeit zu verschwenden haben und Ihnen die Firmenkultur und das Arbeitsklima nicht gleichgültig sind, dann *müssen* Sie eine TPM-Machbarkeitsstudie durchführen. Die Ergebnisse dieser Studie werden die Grundlagen für Ihren maßgeschneiderten Entwurf der TPM-Installation mit den besten Resultaten sein.

TPM übt einen starken Einfluss auf die Betriebsabläufe und die Firmenkultur aus. Deshalb muss die Planung Ihrer Installation auf *soliden Informationen* basieren und am aktuellen *Bedarf* Ihres Unternehmens orientiert sein. Wir wissen, dass eine gut geplante Instandhaltungsaufgabe nur etwa halb so lange dauert wie eine ungeplante. Dasselbe trifft auf TPM zu. Sie können es nicht riskieren, die Planung einer so wichtigen Unternehmung auf Vermutungen basieren zu lassen!

Umfang der Machbarkeitsstudie

Die zwei Seiten der TPM-Medaille sind die *Betriebsanlagen* und die *Belegschaft*. Ihre Machbarkeitsstudie muss sich daher auf diese Elemente konzentrieren. Außerdem muss das augenblickliche Niveau der Instandhaltung (insbesondere von PM) beurteilt werden, da diese Information die Ausarbeitung Ihres TPM-Programms beeinflusst.

Die *wichtigen* Aufgaben einer typischen Machbarkeitsstudie sind:

1. Bewertung der augenblicklichen Leistung und des Zustands Ihrer Betriebsanlagen

Schließen Sie alle wichtigen Maschinen und eine repräsentative Auswahl der übrigen Anlagen in diese Beurteilung mit ein.

a) Effektivität und Verluste der Betriebsanlagen (OEE-Analyse)

Hier messen Sie die wirkliche Effektivität Ihrer Betriebsanlagen und bestimmen und quantifizieren deren Verluste wie in Kapitel 5 diskutiert. Eigentlich der einzige Weg, wie Sie das mit einem gewissen Maß an Exaktheit und Glaubwürdigkeit tun können, ist, die Betriebsanlagen über einige Zeit zu *beobachten* und dabei ein »OEE-Beobachtungs- und -Berechnungsformular«, wie in Abbildung 24 dargestellt, zu benutzen. Geschulte Beobachter werden *Zeitstudien an den Maschinen* durchführen und die verlorene Zeit (in Minuten) in der passenden Spalte des Formulars notieren. Das Minimum an Beobachtungszeit beträgt vier Stunden, und es können, abhängig von der Taktzeit der Maschine und der Häufigkeit der Verluste, längere Beobachtungszeiträume (bis zu 24 Stunden) nötig werden. Selbst dann kann sein, dass es nicht immer möglich ist, ein genaues Bild von den Maschinenstörungen zu bekommen und Sie müssen eventuell das Maschinenlogbuch oder die Akten der Instandhaltung durchforschen. Aber normalerweise beginnt sich nach etwa acht Stunden Beobachtung ein recht stichhaltiges Bild abzuzeichnen, und eine längere Untersuchung wird den Prozentsatz der Verluste nicht wesentlich verändern. Unter Benutzung der aus diesen Beobachtungen stammenden Zahlen können Sie jetzt OEE, NEE und den prozentualen Anteil jedes individuellen Verlustes kalkulieren, eingeteilt nach den verschiedenen Gründen im Bereich von Leerlauf, den geringeren Störungen und Fällen von Maschinenversagen.

Natürlich müssen Sie diese verschiedenen Ursachen feststellen und vor Beginn der Beobachtungen die Informationskopfzeile des Formulars ausfüllen. Fragen Sie hier einfach die Bediener oder machen Sie einen kurzen Test.

Die Durchführung der OEE-Beobachtungen ist bei Weitem die zeitintensivste Aufgabe Ihrer Machbarkeitsstudie. Aber es ist auch das bei Weitem wichtigste Hilfsmittel, das Sie haben, wenn es darum geht, die Betriebsanlagen während TPM-EM zu verbessern und die für die Maschine notwendige Instandhaltung festzustellen. Es dient auch als ein Beweis dafür, dass TPM benötigt wird; denn die meisten OEE erweisen sich *viel niedriger*, als jeder denkt. Die Berechnung des Verbesserungspotenzials

Anlagenname ______ Anlagennr. ______ Produkt ______ Beobachter ______ Datum ______

Seite ___ von ___

Taktzeit ______

Start	Ende	Anl. läuft	Leerlauf und kurze Stopps (Ursachen)				Störungen (Ursachen)				Rüst./ Just.	Geschw.-verlust	Verwürfe	Anz. Teile	Bemerkungen
von	bis					andere				andere					
Gesamt															

Abbildung 24: Formblatt für die OEE-Beobachtung und -Berechnung

der Betriebsanlagen und die Ausarbeitung von Prioritäten werden auf Ihren ursprünglichen OEE-Kalkulationen basieren.

b) Ausnutzung der Betriebsanlagen

Hier wird die Anzahl der geplanten Stillstandzeiten bestimmt, um die Ausnutzung der Betriebsanlagen zu kalkulieren. Wenn Sie diese Anzahl erst einmal bestimmt haben, dann können Sie die Gesamte Effektive Betriebsanlagenproduktivität feststellen (TEEP, Total Effective Equipment Productivity). Das ist das wahre Maß dessen, was Sie wirklich von Ihren Maschinen bekommen, mit einer direkten Korrelation zum ROA (Return on Assets, Anlagenrentabilität).

c) Zustand der Betriebsanlagen (AZA)

Die von den Arbeitern durchgeführte Analyse der Betriebsanlagenzustände wurde in vorangegangenen Kapiteln diskutiert. Die ausgefüllten Formulare und die numerische Bewertung jeder Maschine sind Teil der Daten der Machbarkeitsstudie. Schließen Sie Werkzeuge, Gussformen und festes Inventar in diese Analyse ein.

2. Fähigkeitsanalyse und Bestimmung des Schulungsbedarfes

Schließen Sie alle Maschinenbediener und Instandhalter ein. Gewöhnlich wird die Personalabteilung während dieser Analyse recht engagiert sein, weil es sich hierbei in vielen Betrieben um ein »delikates« Thema handelt.

Die Analyse der vorhandenen und benötigten Fähigkeiten ermittelt dann klar die Art und Menge der Qualifikationsschulung, die im Rahmen von TPM durchgeführt werden muss.

a) Feststellen der benötigten Fähigkeiten

Erstellen Sie eine Liste der typischen Aufgaben, die der Bediener an seiner Maschine zurzeit ausführt, und fügen Sie mögliche zukünftige Aufgaben, die im Rahmen von TPM getan werden sollen, hinzu (Abb. 25). Bestimmen Sie, unter Benützung der früher diskutierten Liste von Fähigkeiten (Abb. 15), das notwendige Qualifikationsniveau für augenblickliche und zukünftige Anforderungen an die Bediener.

Anlagenbezeichnung _____ Datum _____

Nr. _____ von: _____

Aufgaben	Benötigte Fähigkeit	Bediener _____	△	Bediener _____	△	Bediener _____	△	Summe △
a) Fertigung								
- - - - - - - -	4	3	1	2	2	4	0	3
- - - - - - - -	3	3	0	2	1	4	0	1
- - - - - - - -	4	4	0	3	1	3	1	2
b) PM/Säubern usw.								
- - - - - - - -	4	2	2	2	2	1	3	7
- - - - - - - -	3	2	1	3	0	2	1	2
- - - - - - - -								
c) Andere Aufgaben								
- - - - - - - -	5	3	2	3	2	4	1	5
- - - - - - - -	3	3	0	2	1	3	0	1
- - - - - - - -								
Summe			6		9		6	21

Abbildung 25: TPM-Analyse der (erforderlichen/verfügbaren) Fähigkeiten

b) Feststellen der zur Verfügung stehenden Fähigkeiten

Fügen Sie in demselben Formular den Namen des Bedieners (oder seine Codenummer) hinzu und tragen Sie den augenblicklichen Stand seiner Fähigkeiten ein, unter Benutzung derselben Rangliste von Fähigkeiten. Den augenblicklichen Stand der Fähigkeiten erfährt man vom Vorarbeiter oder Gruppenleiter oder man bestimmt ihn durch Befragung/Beobachtung des Bedieners. Tragen Sie in die nächste Spalte den Unterschied ein, falls vorhanden.

c) Analyse der Fähigkeiten

Jetzt können Sie das ausgefüllte Formular analysieren. Es ist ein sehr gutes und quantifizierbares Kriterium für die Schulungsanforderungen. Ein großes Delta in der Spalte »Aufgaben« zeigt an, welche aufgabenbedingte Schulung notwendig sein wird. Ein großes Delta in der Summenspalte für »Bediener« zeigt an, welcher Bediener zusätzliche Schulung benötigt. Die Gesamtsumme für jede Maschine hilft Ihnen, den Schulungsbedarf für die Maschinen zu bestimmen. Dieselbe Vorgehensweise wird entsprechend auf die Instandhalter und, falls angebracht, auf die Vorarbeiter oder Gruppenleiter angewandt.

d) Feststellen der Schulbildung

Diese Informationen werden gewöhnlich von der Personalabteilung geliefert und sind für die Machbarkeitsstudie nicht von entscheidender Wichtigkeit. Ein hohes Maß an Fähigkeit und Motivation kann auch von Leuten mit wenig Schulbildung gezeigt werden. Viele Unternehmen führen jedoch Statistiken über die Ausbildung ihrer Belegschaft und diese sind, wenn verfügbar, ein guter Beitrag zur Bewertung der TPM-Basis.

e) Bestimmen der Lernfähigkeit

Da Schulung eine der Hauptaktivitäten von TPM ist, ist eine Angabe der Lernfähigkeit (in erster Linie des Anlagenpersonals) nützlich. Dies ist jedoch nicht so leicht zu beurteilen. Die beste Information ist der erfolgreiche Abschluss von früheren, vom Unternehmen geförderten Fortbildungskursen und anderen Kursen (wie etwa einer Fachschule). Feedbacks der Vorarbeiter, zu deren Verantwortungsbereich die Schulung gehört, sollten ebenfalls gesucht werden.

f) Bestimmen des Motivationsgrads

Dies ist ein wichtiger Hinweis auf den möglichen Erfolg einer TPM-Installation, aber schwierig zu messen. Manchmal wird eine Umfrage benutzt, die verschiedene »Was wäre wenn«-Fragen zusammen mit Fragen nach der »Job-Zufriedenheit« umfasst. Eine recht gute Vorgehensweise ist, strukturierte Gruppengespräche durchzuführen, die auch genutzt werden können, um vor der Diskussion der Gruppe das TPM-Konzept zu erklären. In diesen Gruppensitzungen kann auch die Einstellung (zum Job oder zum Unternehmen, zur Annahme einer Herausforderung) ermittelt werden.

g) Wechsel der Angestellten/Abwesenheit

Bestimmen Sie in Unternehmen mit häufigen Mitarbeiterwechseln die Wechselrate/Abwesenheit für jede Abteilung und dokumentieren Sie sie in Ihren Unterlagen. TPM reduziert normalerweise die Wechselrate/Abwesenheit, und Sie sollten in der Lage sein, dies zu belegen. Manchmal ist die Wechselrate/Abwesenheit direkt mit dem Grad der Motivation verknüpft. Die Personalabteilung wird diese Zahlen besorgen.

3. Bewertung von Leistung und Ergebnissen der Instandhaltung

Dies wird für alle Maschinen der Dringlichkeit 1 und 2 durchgeführt.

a) Beurteilung der gegenwärtigen Instandhaltung

Es ist wichtig festzustellen, wie viel und welche Art von Instandhaltung gegenwärtig an Ihren Betriebsanlagen durchgeführt wird. Sammeln Sie Informationen zu folgenden Aufgaben:

- Säubern
- Schmieren
- PM (vorbeugende Instandhaltung)
- Inspektion
- vorausschauende Instandhaltung (PDM)
- andere geplante Instandhaltung
- Instandhaltung bei Versagen

Anlagenbezeichnung

Anlagennummer

Datum

von:

	Aufgaben	Liste verfügbar	Terminplan verfügbar	% Erfüllungsgrad	ausgeführt durch	Bericht verfügbar	Bemerkung
1.	Tägliche Reinigung	✓	n/a	70%	Bed.	nein	Besserer Ablauf nötig
2.	Wöchentliche Reinigung	✓	nein	60%	Bed./IH	nein	Unklare Verteilung der Arbeit
3.	Schmierung	nein	nein	75%	IH	nein	Terminplan erforderlich
4.	Tägliche PM	✓	n/a	60%	IH	nein	Möchte das Anlag.-Pers. durchführen
5.	Wöchentliche oder längerfristige PM	✓	✓	60%	IH	ja	
6.	Inspektion	nein	nein	?	IH	ja	Keine Prozedur/Terminplan
7.	Vorausschauende Instandhaltung	✓	✓	50%	Engr.	ja	Möchte die IH durchführen
	Etc.						
a)	Geschätzter Zeitaufwand für Störungsbehandlung			80%			Verringern!
b)	Geschätzter Zeitaufwand in % für PM/PDM-Arbeit			5%			Zu gering
c)	Geschätzter Zeitaufwand für weitere geplante Instandhaltung			15%			Mehr erforderlich
	Gesamt			100%			

Abbildung 26: Bewertung der aktuellen Instandhaltung

Und finden Sie Antworten auf folgende Fragen:

- Sind Checklisten und Arbeitsanweisungen für diese Aufgabe vorhanden?
- Ist ein Zeitplan für die Aufgabe vorhanden?
- Wie hoch ist die prozentuale Erfüllung (Fertigstellung)?
- Wer führt diese Aufgabe aus?
- Ist ein Bericht vorhanden?
- Wie viel Zeit wird für die Reparatur bei Maschinenversagen aufgebracht?
- Wie viel Zeit wird für PM und PDM aufgebracht?
- Wie viel Zeit wird für andere geplante Instandhaltung aufgebracht?

Das Ziel ist, wie bei der Analyse der Fähigkeiten, jedes Defizit zu ermitteln und zu quantifizieren, auf das dann als Teil der TPM-Installation eingegangen werden sollte. Ein organisierter Weg zu dieser Bewertung wird in Abbildung 26 dargestellt. Er ist ebenfalls auf die Betriebsanlagen bezogen, da verbesserte Maschinenwartung und Maschinenleistung die Hauptziele von TPM sind. Entwickeln Sie ein Formular, das zu Ihren Betriebsanlagen und Ihren gegenwärtigen (oder geplanten) Aufgaben passt. Die Instandhaltung muss sich an dieser Bewertung beteiligen.

b) Geplante Instandhaltung

Basierend auf der soeben abgeschlossenen Bewertung der Instandhaltung ist es recht einfach, für jede Maschine eine zu planende Instandhaltung auszuarbeiten. Dies mag einen höheren Prozentsatz an Erfüllung der bereits durchgeführten PM-Aktivitäten, Empfehlungen für zusätzlich benötigte Checklisten, Zeitpläne und Berichte und das Hinzufügen von gegenwärtig nicht durchgeführten Aufgaben beinhalten. Diese Aufstellung muss nicht vollständig sein, gibt Ihnen aber gute Hinweise darauf, welche Aktivitäten unter TPM notwendig werden. Hier werden außerdem erste Gelegenheiten für eine vermehrte Beteiligung des Anlagenpersonals erkennbar.

c) Engagement für PM

Ein geringer Prozentsatz an PM-Erfüllung zeigt oft einen Mangel an Engagement für PM selbst an. Es besteht oft ein ziemlicher Unterschied zwischen Lippenbekenntnis und Engagement. Gibt es spezielles Personal, das sich nur der PM widmet? Oder wird die Instandhaltung völlig mit

Krisensituationen überschüttet? Gibt es PM-Kontrollen, welche die Ausführung von PM überwachen? Ist das System vollständig? Wenn geringes PM-Engagement und PM-Erfüllung vorhanden ist, dann zeigt das einen dringenden Bedarf an TPM-PM an.

d) Maschinenlogbücher

Stellen Sie fest, ob Maschinenlogbücher verfügbar sind, zumindest für Ihre wichtigen Maschinen. Wenn ja, in welcher Form liegen sie vor, und werden sie für die Analyse der Maschinen bei wiederholten Ausfällen gebraucht?

e) Management der Instandhaltung

Die folgenden Punkte sollten kurz abgeschätzt und beurteilt werden:

*   Verfahren der Instandhaltungsanforderung
*   System der Arbeitsanweisungen bzw. Aufträge
*   Planung und Terminplanung
*   Benutzung von Vorgabezeiten oder Schätzungen
*   Inventursystem und Lager
*   Instandhaltungskontrolle und Berichte
*   Benutzung von Computersystemen

Ein gutes Managementsystem für die Instandhaltung ist mit oder ohne TPM für eine effiziente und produktive Durchführung und Kontrolle der Instandhaltung essenziell.

f) Organisation der Instandhaltung

Dokumentieren Sie die gegenwärtige Organisation und den Personalstand für die Instandhaltung, in erster Linie, um sie in die Basisdokumentation einzubeziehen.

4. Ermitteln des Standes der Haushaltsführung

Haushaltsführung, Produktivität und Qualität hängen direkt zusammen. Ein schmutziger Betrieb mit schmutzigen Betriebsanlagen und ohne Disziplin wird kein Hochqualitätsprodukt mit hoher Produktivität herstellen. Wie würden Sie Ihr Unternehmen im Vergleich zu anderen sehen? Sind die Werkshallen sauber, die Gänge markiert und frei? Gibt es überall Dreck und Ölflecken, auch auf der Bekleidung der Instandhalter (und manchmal der Bediener)? Eine Beurteilung dieser Faktoren wird in Ihrem Betrieb den Blick hierfür schärfen. Vielleicht müssen Sie sich vor oder zu Beginn von TPM mit der Haushaltsführung im Werk befassen.

5. Bewerten der Unternehmenskultur

Unternehmenskultur und Betriebsklima werden einen Einfluss auf den Erfolg von TPM haben. Existieren Teams? Funktionieren sie? Gibt es in Ihrem Betrieb einen Teamgeist, ein hohes Maß an Kooperation? Wissen die Manager, was das Wort »Empowerment« bedeutet? Können Sie ein Maß an Enthusiasmus, an Engagement der Mitarbeiter fühlen? Gibt es einen Standard für vorzügliche Leistung, Qualitätsziele, wie etwa Q1 bei Ford, Six Sigma bei Motorola usw.? Was bedeutet »Weltklasse« für Ihre Angestellten?

Die Antworten auf diese Art von Fragen wird Ihnen ein gutes »Gefühl« für die Unternehmenskultur in Ihrem Betrieb geben. Wenn die meisten Antworten negativ sind, dann brauchen Sie einen »zündenden Funken«, der von TPM geliefert werden kann; aber es bedarf zusätzlicher motivierender Arbeit. Wenn die Antworten positiv sind, dann wird TPM genau passen.

6. Ausarbeiten von Kosten, Nutzen und ROI

Dieser Schritt ist wichtig, weil ein hoher errechneter ROI eine Entscheidung über die Einführung von TPM erleichtert. Es gibt Topmanager, wie zum Beispiel Trauth von Goodyear Dunlop Tires Europa, der einen 400-Prozent-ROI als TPM-Zielvorgabe fordert. Stellen Sie sicher, dass Ihr Controller an dieser ROI-Berechnung beteiligt ist.

Die Kosten beinhalten Folgendes:

- Schulungszeit
- Entwicklung von Schulungsmaterial
- Kosten für die Verbesserung der Betriebsanlagen (in der Machbarkeitsstudie schwer abzuschätzen)
- Kosten für das TPM-Personal (Stab)
- Kosten für Arbeitssitzungen (während TPM-EM)
- Public Relations (PR) für TPM

Der Nutzen beinhaltet Folgendes:

- Kostenreduktion
- Verbesserung der Produktivität/Kapazität
- Reduktion der Stillstandszeiten
- Aufschub des Ankaufs neuer Maschinen
- weniger Ausschuss und geringere Nacharbeit

Teilen Sie die jährlichen TPM-Nutzen durch die jährlichen TPM-Kosten, um den ROI zu berechnen. Der Nutzen beträgt zum Beispiel 500.000 Euro, die Kosten (Investitionen) betragen 200.000 Euro; der ROI ist gleich 250 Prozent.

7. Dokumentation der Grundlinie

Dieser Bericht dokumentiert Ihre »gegenwärtige Situation« und dient als eine *Basislinie*, an der Sie Ihren Fortschritt und Ihre Verbesserungen messen. Überraschenderweise wird dieser Schritt oft vergessen, was es sehr schwierig macht, in zwei oder drei Jahren Ihre wesentlich bessere Situation zu berechnen oder zu demonstrieren.

Alle Daten für dieses Dokument sind während der Machbarkeitsstudie erarbeitet worden. Die Dokumentation der Grundlinie ist eine Zusammenfassung in Form einer grafischen oder tabellarischen Darstellung folgender Daten:

a) Effektivität und Verluste der Betriebsanlagen (OEE)
b) Ausnutzung und Produktivität der Betriebsanlagen
c) Zustand der Betriebsanlagen (AZA)
d) Analyse der erforderlichen/verfügbaren Fähigkeiten
e) gegenwärtiges Niveau der Fähigkeiten (gesamt)
f) Grad der Motivation
g) Personalwanderung/Abwesenheitsstand
h) gegenwärtige Instandhaltung
i) geplante Instandhaltung
j) Instandhaltungsmanagement
k) Instandhaltungsorganisation
l) Werksführung und Organigramm
m) Unternehmenskultur

Organisation einer Machbarkeitsstudie

Es ist offensichtlich, dass diese Analyse einige Ressourcen und Zeit beansprucht. Die beste Methode ist, ein Team für die Machbarkeitsstudie zu bilden, das sich aus Repräsentanten des ganzen Betriebs zusammensetzt oder zumindest all derjenigen Abteilungen, für welche die Einführung von TPM geplant ist. Abhängig von der Größe Ihrer Abteilungen könnte ein Team je Abteilung angebracht sein. Das Team (oder die Teams) für die Machbarkeitsstudie wird nach Abschluss der Studie aufgelöst. Die Mitglieder kehren wieder zu ihren regulären Arbeitsaufgaben zurück und werden in der Regel maßgebliche TPM-Befürworter innerhalb ihrer jeweiligen TPM-Kleingruppe (CATS).

Es ist gewöhnlich besser, ein großes Team mit Teilzeitmitgliedern zu haben als ein kleines Vollzeitteam. Es ist einfacher, sich jemanden für acht bis sechzehn Stunden in der Woche »auszuleihen«, und Sie werden mehr »Missionare« im Betrieb haben, wenn man mit der TPM-Installation beginnt.

Die empfohlene Mindestgröße für das Team ist:

- zwei bis vier Bediener
- ein bis zwei Instandhalter
- ein Ingenieur
- ein Teamleiter (gewöhnlich ein Ingenieur oder Gruppenleiter)

Dieses Team wird unterstützt von:

- TPM-Manager/Koordinator
- Personalabteilung
- Controller/Finanzabteilung
- TPM-Berater (wenn angebracht)

Wenn Ihr Werk einen Betriebsrat hat, dann ist es sehr empfehlenswert, die Betriebsräte einzuladen, sich an der Machbarkeitsstudie zu beteiligen. In der Regel wird dann jemand von der Betriebsratsleitung an der Schulungssitzung teilnehmen, an einigen Teamsitzungen und natürlich dann, wenn dem Management die Ergebnisse der Studie präsentiert werden.

Für gewöhnlich werden die Mitglieder der Machbarkeitsstudie vom Management ausgewählt, aber sie nehmen auf freiwilliger Basis teil. Stellen Sie sicher, dass sie genug über TPM wissen, bevor Sie sie bitten, sich zu beteiligen.

Durchführung der Machbarkeitsstudie

Der erste Schritt zur Machbarkeitsstudie besteht darin, die Gruppenmitglieder in all den Aktivitäten, die sie während der Studie ausführen werden, *zu schulen*. Sehr häufig wird hierfür ein TPM-Berater herangezogen. Beginnen Sie mit einer Erläuterung von Zweck, Inhalt, Organisation, Terminplan und anderen Details der Studie. Die Schulung und die Übungen, wie die OEE- und AZA-Analysen durchgeführt werden, dauern normalerweise einen Tag.

Es ist empfehlenswert, zu Beginn der Studie zwei ganze Tage einzuplanen, um das Team richtig auszubilden. Berücksichtigen Sie ausreichende praktische Übungen, machen Sie die Aufgabenzuweisung und erfassen Sie alle zu erledigenden Aufgaben, einschließlich der Erklärung aller zu benutzenden Formulare. Diese Phase wird das Team »in Gang setzen«.

Erarbeiten Sie das Vorgehen, bevor Sie mit der eigentlichen Studie beginnen. Der Betriebsrat sollte zuerst über die üblichen Wege informiert werden. Die Angestellten sollten von einem Teammitglied oder dem Teamleiter informiert werden. Erklären Sie, worum es bei der OEE-Analyse geht (um die Maschinen!), und fordern Sie den Bediener der Maschine auf, sich daran zu beteiligen, die während der Studie auftretenden Verluste zu identifizieren. Der Vorarbeiter in diesem Bereich muss informiert werden, bevor Gruppenmitglieder erscheinen, die seine Maschinen untersuchen und eine Stoppuhr benutzen, um die Verluste der Maschine zu messen.

Bevor sich das Team mit OEE und anderen Analysen beschäftigt, identifizieren Sie die Maschinen, die Sie untersuchen werden. Wenn Sie fünf identische Maschinen haben, müssen vielleicht nur zwei oder drei untersucht werden: die beste, die schlechteste und eine durchschnittliche. Es ist jedoch unvorstellbar, wie oft *identische* Maschinen mit demselben Alter weit voneinander abweichende OEE-Ergebnisse haben.

Wenn erst einmal die Maschinen identifiziert sind, dann können Sie die Aufgaben zuteilen. Es ist besser, die Gruppenmitglieder den Maschinen zuzuteilen, die ihnen bekannt sind; das macht es einfacher, Verluste und deren Ursachen festzustellen und zu identifizieren. Jedes vollständige Arbeitsblatt sollte täglich bei demjenigen Gruppenleiter eingereicht werden, der in der Regel die Daten in den Computer eingibt, um die OEE-Berechnungen und die Zusammenfassung durchzuführen.

Ein Zeitplan sollte erstellt werden, der dazu dient, die Durchführung und den Fortgang der Studie zu planen und zu kontrollieren. Ein Beispiel wird in Abbildung 27 gezeigt. Die notwendige Gesamtzeit variiert, abhängig von der Größe des Teams und der Größe (Anzahl der Maschinen) des

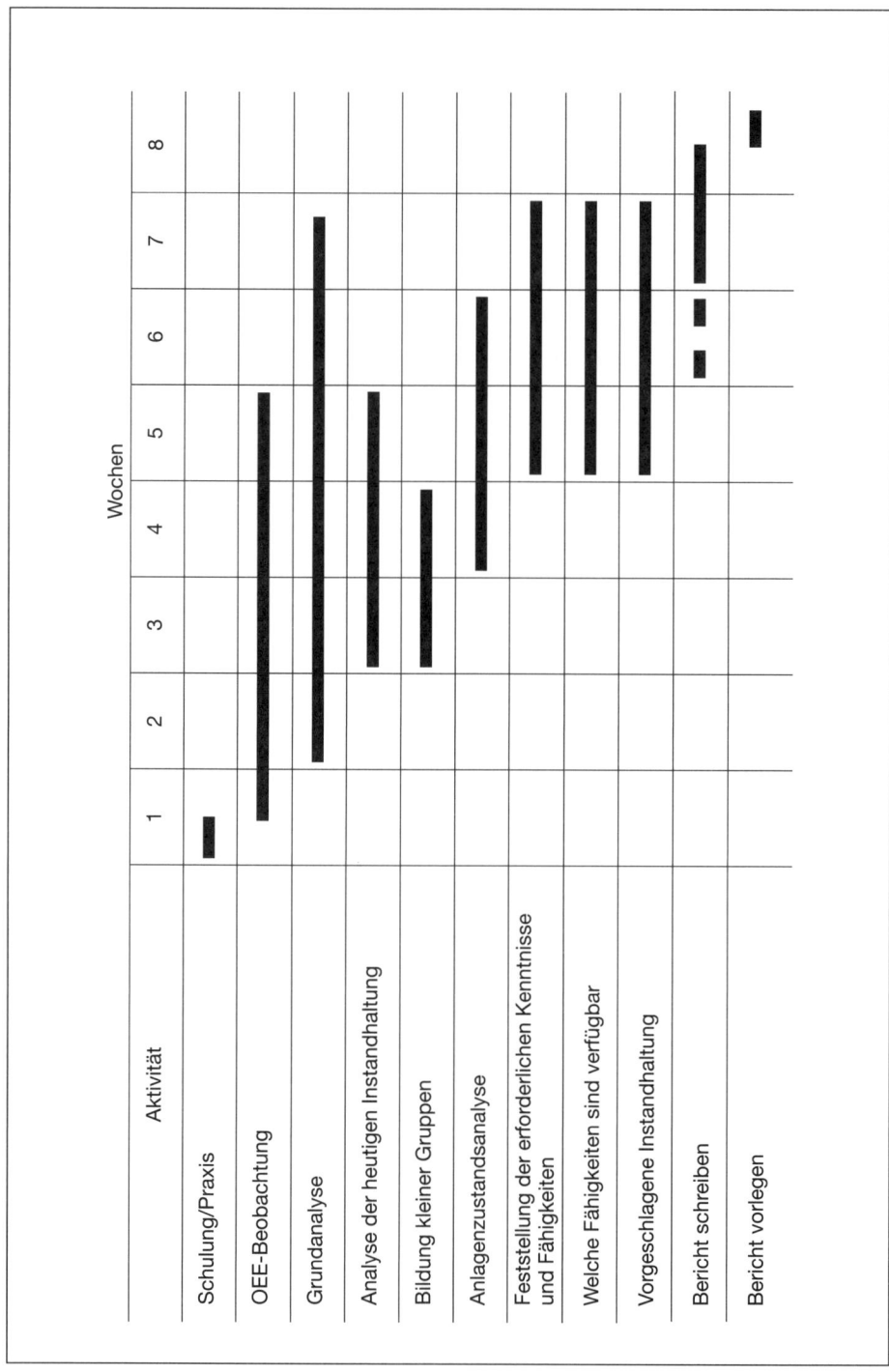

Abbildung 27: Zeitplan für die Machbarkeitsstudie

Betriebs oder der Abteilung. Ein Zeitraster von acht Wochen hat sich jedoch als ideal herausgestellt, wobei genug Zeit gegeben ist, die Formulare (wie etwa bei der Zustandsanalyse der Maschinen) auszufüllen, zurückzugeben und zu analysieren.

Wenn es in Ihrem Unternehmen ziemlich sicher ist, dass TPM installiert wird, dann ist es sehr ratsam, während der Machbarkeitsstudie verschiedene TPM-Kleingruppen zu bilden und diese dann die Zustandsanalyse der Maschinen fertigstellen zu lassen. Diese erste Berührung mit TPM und die damit zusammenhängende Konzentration auf ihre Maschinen trägt gewöhnlich dazu bei, den Bedarf für TPM zu demonstrieren; und der Prozess zum Aufbau von Motivation hat begonnen.

Die Teams für die Machbarkeitsstudie sollten sich mindestens ein Mal pro Woche treffen, um den Fortgang zu besprechen, Probleme zu diskutieren und die nächsten Schritte zu planen. Ungefähr zur Halbzeit der Studie sollten die Teammitglieder anfangen, über den Bericht und darüber, wer welchen Teil davon erarbeiten wird, nachzudenken.

Bericht über die Machbarkeitsstudie und seine Präsentation

In der Machbarkeitsstudie werden so viele neue und häufig aufsehenerregende Daten ausgearbeitet, dass die Präsentation des Berichts beim Management häufig zu einem wichtigen Ereignis wird. Dieses Meeting wird oft zum Startschuss für TPM, da es absolut keine Zweifel daran gibt, dass TPM dringend benötigt und die erhofften Ergebnisse bringen wird.

a) Abfassen des Berichts

Alle Gruppenmitglieder sollten sich an der Erstellung des Berichts beteiligen; aber es ist gewöhnlich der Teamleiter, unterstützt vom TPM-Manager, der hierfür verantwortlich ist.

Der Bericht sollte wie folgt strukturiert sein:

1. Titelseite, einschließlich Datum
2. Inhaltsverzeichnis
3. Managementzusammenfassung (zwei Seiten maximal)
4. Ziel der Studie
5. Einführung, einschließlich Liste der Teammitglieder
6. TPM-Vision und -Ziele
7. angewandte Methoden (Vorgehensweise u. Zeitplanung)
8. Zusammenfassung der Ergebnisse
   (siehe Dokumentation der Grundlinie)

9. typische Beispiele
10. andere Beobachtungen, einschl. der Befragungsergebnisse
11. Schlussfolgerung
12. Empfehlungen
13. Anhang
   a) Details der Betriebsanlagenanalyse
      (OEEs, Verluste, Zustand)
   b) Rechenformeln
   c) OEE-Analyseformular (Beispiele)
   d) Formular für die Zustandsanalyse der Anlagen
      (AZA-Beispiele)
   e) Fehlermeldeblatt (FISH)
   f) Details der Fähigkeitenanalyse
   g) Formular für benötigte/verfügbare Fähigkeiten
   h) Details zum gegenwärtigen Niveau der Fähigkeiten
      (je Maschine/Abteilung)
   i) Skala der Fähigkeiten
   j) Details zum Motivationsgrad (aus Befragungen)
   k) Details zur gegenwärtigen Instandhaltung
   l) Details zur geplanten Instandhaltung
   m) Ergebnisse des Audits des Instandhaltungsmanagements
   n) Diagramm zur Instandhaltungsorganisation
   o) Details zur Bewertung des Managementstils
   p) Details zur Bewertung der Unternehmenskultur

Der gedruckte Bericht, der dem Topmanagement präsentiert wird, enthält gewöhnlich die Punkte 1 bis 12 und nur sachdienliche, unterstützende Beispiele im Anhang. Der vollständige Bericht kann recht voluminös werden und wird von TPM-Personal, Instandhaltung und den Managern der Produktion genutzt sowie die geeigneten Abschnitte von den TPM-Kleingruppen.

b) Präsentation beim Management

Dies hat sich in vielen Unternehmen als ein wichtiges Ereignis erwiesen, an dem bis zu 40 Leute teilnahmen. Da TPM einen solchen Einfluss auf das Unternehmen hat, sind *alle* Manager anwesend. Selbstverständlich ist das gesamte Team der Machbarkeitsstudie dabei, dazu Vertreter des Betriebsrats. Planen Sie ungefähr zwei Stunden für dieses Treffen ein und kündigen Sie es weit im Voraus an, damit es jeder in seinem Kalender notieren kann.

In der Regel werden die Abschnitte 4 bis 12 des Berichts mit Overhead-folien präsentiert. Oft stellt der TPM-Manager die Abschnitte 4 und 6 vor, der Leiter des Machbarkeitsstudienteams die Abschnitte 5, 7 und 8. Alle oder die meisten Gruppenmitglieder sollten sich bei der Präsentation des Abschnitts 9 (typische Beispiele aus den von ihnen untersuchten Bereichen) abwechseln. Dies ist häufig recht dramatisch, weil Bediener und Instandhaltungsleute, von denen einige noch nie öffentlich vorgetragen haben, sich an den Vorstandsvorsitzenden des Unternehmens oder den Geschäftsführer des Betriebs wenden, den sie möglicherweise noch nie zuvor persönlich getroffen haben. Ihre Präsentationen sind gewöhnlich sehr eindrucksvoll und sie kommen klar und deutlich zum entscheidenden Punkt.

Manchmal beginnen die Teams der Machbarkeitsstudie, TPM-EM zu praktizieren, weil ihre Analysen unmittelbare Verbesserungsmöglichkeiten zeigen, die einfach zu gut sind zum Weiterreichen oder Verschieben (die sogenannten »Nuggets«). Manche Teams haben Verbesserungsprojekte im Wert von hunderttausenden Euros vorgestellt (oder sogar abgeschlossen). Oft wurden diese Projekte auf der Stelle genehmigt. Allerdings müssen die Machbarkeitsstudienteams sich davor hüten, mit TPM auf Kosten der Machbarkeitsstudie zu beginnen!

Die acht Teams, die 1994 bei SATURN (eine General Motors Fabrik in Tennessee) die TPM-Machbarkeitsstudie durchführten, fanden insgesamt über 12 Millionen Dollar unmittelbares Verbesserungspotenzial, wovon einige Millionen bereits bei der Präsentation der Studie realisiert wurden! Dieses Unternehmen hat also die Kosten für die TPM-Einführung erwirtschaftet, bevor die TPM-Installation richtig begonnen wurde.

Der Teamleiter stellt die Abschnitte 10 bis 12 vor, immer mit der zwingenden Empfehlung, mit der Installation von TPM fortzufahren. Gewöhnlich genehmigt das Management die Installation von TPM, wenn es dies nicht bereits vor der Machbarkeitsstudie getan hat.

11

TPM-Installation

Die TPM-Installation besteht aus drei verschiedenen Phasen:

I Planung und Vorbereitung der Installation
II Pilotinstallation
III Werksweite Installation

Phase I:
Planung und Vorbereitung der Installation

Dies ist eine entscheidende Phase, die einen großen Einfluss darauf hat, ob Ihre TPM-Installation glatt abläuft oder ob es ein Kampf werden wird. Wie festgestellt wurde, dauert eine ungeplante Wartungsaufgabe doppelt so lange wie eine geplante; dasselbe trifft auch auf eine TPM-Installation zu.

Wenn Sie jedoch eine vollständige und erfolgreiche Machbarkeitsstudie durchgeführt haben, dann sollte die Planung und Vorbereitung Ihrer Installation recht einfach sein und nicht zu viel Zeit brauchen. In vielen Fällen wird heute erreicht, dass die TPM-Piloteinführung sofort nach Abschluss der Machbarkeitsstudie beginnt, da fast alle Phasen der Installationsplanung während der Studie durchgeführt worden sind.

Die typischen Schritte der Planungs- und Vorbereitungsphase sind die folgenden:

Schritt 1:
Erarbeiten einer Installationsstrategie

Schritt 2:
Erarbeiten und Einrichten der TPM-Organisation

Schritt 3:
Erarbeiten der TPM-Vision, TPM-Strategie und TPM-Politik

Schritt 4:
Erarbeiten der Ziele von TPM

Schritt 5:
Vermitteln von Informationen und Schulung zu TPM

Schritt 6:
Durchführen von Public Relations (PR)

Schritt 7:
Erarbeiten des TPM-Gesamtplans

Schritt 8:
Erarbeiten des Plans für die Pilotinstallation

Schritt 9:
Erarbeiten detaillierter Pläne für die weiteren Installationen

Schritt 10:
Präsentation beim Management

Schritt 1: Erarbeiten einer Installationsstrategie

Die Analyse der Unternehmenskultur, Betriebsklima, Niveau der Fähigkeiten und Ausbildung, Grad der Motivation und ganz besonders die *Bedürfnisse* Ihrer Betriebsanlagen und Produktion werden Ihre Installationsstrategie bestimmen. Hier erarbeiten Sie die *Reihenfolge* bei der Installation. Sie könnten zum Beispiel zuerst TPM-EM, gefolgt von TPM-PM und schließlich TPM-AM durchführen.

Die obige Reihenfolge bei der Installation funktioniert in den meisten bereits existierenden westlichen Betrieben am besten, da es der »Weg des geringsten Widerstands« zu sein scheint. Zudem besteht gewöhnlich ein Bedarf, manchmal ein dringender Bedarf, die Betriebsanlagen schnell zu verbessern. Ein starker Impuls, zusammen mit einem wesentlichen Produktivitätsgewinn, kann frühzeitig im Programm erreicht werden, wenn mit TPM-EM begonnen wird und somit der Weg für die anderen TPEM-Komponenten leichter gemacht wird.

Ein neuer Betrieb (produktionsbereit mit neuen Maschinen und neuen Mitarbeitern) sollte mit TPM-AM und TPM-PM beginnen und TPM-EM später hinzufügen. Manchmal ändern sich die Arbeitsbeschreibungen für die einzustellenden Bediener, nachdem das Management beschlossen hat, TPM einzuführen, um die andersartige Funktion eines »TPM-Bedieners« zu berücksichtigen. Es besteht auch ein Bedarf, ein gutes PM-System frühzeitig zu entwickeln (was manchmal übersehen wird), um sicherzustellen, dass die Betriebsanlagen in einem perfekten Zustand bleiben. Mit der richtigen Strategie wird die gesamte routinemäßige PM zusammen mit der Reinigung, Schmierung und Überprüfung im neuen Betrieb von den Bedienern völlig autonom durchgeführt.

In asiatischen Ländern, zum Beispiel in Japan, scheint es leichter zu sein, mit TPM-AM zu beginnen, da die Bediener anscheinend bereitwilli-

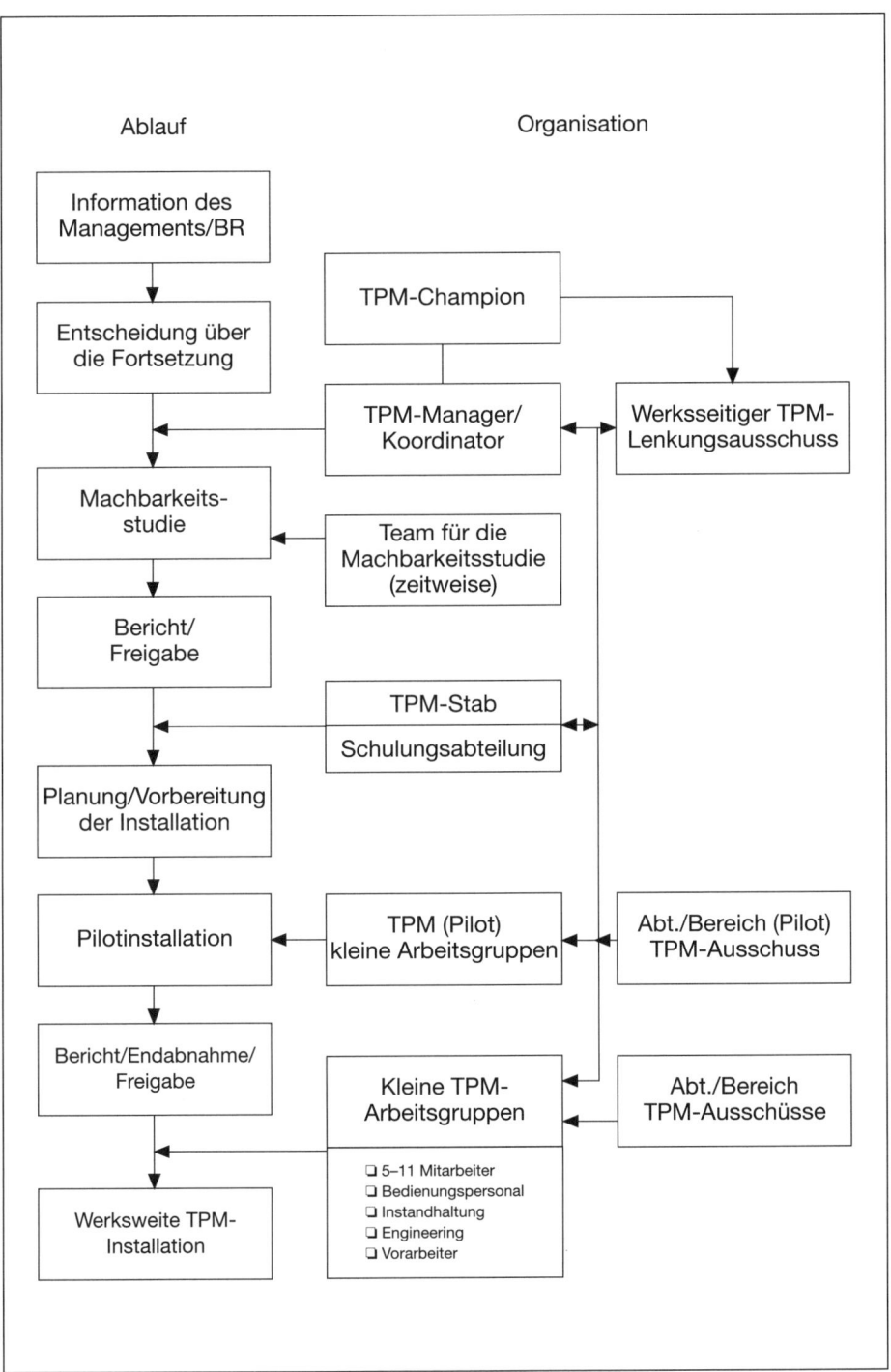

Abbildung 28: TPM-Entwicklung (Ablauf und Organisation)

ger den Anordnungen des Managements folgen und auf das »strengere« Konzept der fünf S und der autonomen Instandhaltung ansprechen.

Zusätzlich zu der Reihenfolge bei der Installation müssen die *Prioritäten* in Ihrer Strategie bedacht werden. Es ist unwahrscheinlich, dass Sie in der Lage sein werden, TPM gleichzeitig in allen Werksbereichen zu installieren. Berücksichtigen Sie die Bedürfnisse Ihrer Betriebsanlagen und der Produktion und führen Sie sich vor Augen, dass eine frühzeitige Verbesserung von »Engpassmaschinen« den Durchlauf des gesamten Betriebs verbessern wird.

Prioritäten können auch durch die einfache Tatsache festgelegt werden, dass in einigen Bereichen (oder Abteilungen) Ihres Betriebs die Bediener und das Instandhaltungspersonal ganz bereit und motiviert für TPM sind, während andere Bereiche es möglicherweise noch nicht sind.

Schritt 2:
Erarbeiten und Einrichten der TPM-Organisation

Die Abbildung 28 zeigt den Ablauf der TPM-Entwicklung und die Organisation, die für die Durchführung und Unterstützung der Installation notwendig ist. Wie früher diskutiert wurde, ist die Schlüsselfunktion die des *TPM-Managers*, in einigen Unternehmen auch TPM-Koordinator genannt. Diese Position sollte eingerichtet und besetzt werden, sobald das Management beschlossen hat, TPM in Angriff zu nehmen, oder zumindest vor dem Beginn der Machbarkeitsstudie.

Der typische Manager ist ein Ingenieur oder Manager mit einiger Erfahrung in Instandhaltung *und* Produktion. Diese Person sollte gut leiten und motivieren können, muss sehr kommunikativ sein und mit allen Mitarbeitern des Unternehmens zurechtkommen. Die Auswahl des TPM-Managers ist vielleicht die wichtigste Entscheidung bei der TPM-Entwicklung, da diese Funktion einen unmittelbaren Einfluss auf die Qualität und den Erfolg Ihres TPM-Programms hat.

Der TPM-Manager berichtet gewöhnlich dem *TPM-Champion*, bei dem es sich um einen hochrangigen leitenden Angestellten der Fertigung handeln sollte, wie etwa dem Leiter der Fertigung, dem sowohl die Fertigung als auch die Instandhaltung berichten. Der TPM-Champion hat die Führungsverantwortung für die TPM-Entwicklung in Ihrem Werk und berichtet der Werksleitung oder dem TPM-Lenkungsausschuss des Unternehmens.

Es ist sehr anzuraten, frühzeitig den *TPM-Lenkungsausschuss des Betriebs* zu gründen. Dieses Gremium repräsentiert das Management und empfängt die Berichte des TPM-Champions und/oder des TPM-Managers.

Die Mitglieder dieses Gremiums sollten der Geschäftsführer, der Werksleiter, der Produktionsleiter, der Personalleiter, der Leiter der Instandhaltung, der TPM-Champion (wenn er nicht unter den Genannten ist) und der TPM-Manager sein. Ihr Unternehmen kann andere oder zusätzliche Funktionsbereiche oder Titel haben. Normalerweise ist auch der Vorsitzende des Betriebsrats im TPM-Lenkungsausschuss vertreten.

Das *Team der Machbarkeitsstudie* wurde früher diskutiert. Während der Studie wird es vom TPM-Manager unterstützt und später aufgelöst.

Nachdem die Entscheidung getroffen wurde, die TPM-Installation durchzuführen, wird gewöhnlich, abhängig von der Größe des Betriebs, der TPM-Stab eingerichtet. Dieses Personal (dem Mitglieder des Teams der Machbarkeitsstudie angehören können) wird den TPM-Manager bei der Planung, der Schulung und anderen Aufgaben während der Planungs- und Vorbereitungsphase der Installation unterstützen. Später wird die Arbeitsgruppe an der Durchführung der gesamten TPM-Installation beteiligt sein, alle TPM-Teams unterstützen, Schulungen abhalten und mit den TPM-Bereichskomitees zusammenarbeiten usw.

Abbildung 29 zeigt »TPM-Aufgabenbeschreibungen«, eine detailliertere Liste aller Funktionen der verschiedenen Personal- und Linienorganisationen, die Ihre TPM-Installation unterstützen oder durchführen.

Bevor Sie mit der Pilotinstallation beginnen, müssen die TPM-(Pilot-)Kleingruppen (oder CATS) eingerichtet werden. Diese Gruppen (in Kapitel 9 ausführlicher besprochen) werden die tatsächliche TPM-Installation in Ihrem Pilotbereich ausführen.

Diese Teams werden von ihrem eigenen *TPM-(Pilot-)Bereichskomitee* unterstützt, das für diesen Bereich als beratende Gruppe und Entscheidungsträger fungiert. Das Komitee setzt sich gewöhnlich aus dem Bereichs- oder Abteilungsleiter, dem Instandhaltungsleiter (oder Meister), dem TPM-Manager (oder einem Mitglied des TPM-Stabs), einem Ingenieur dieses Bereichs und je einem Vertreter der Bediener und des Instandhaltungspersonals zusammen. Dieselbe Organisation gilt später während der werksweiten TPM-Installation für alle *TPM-Abteilungs- oder Bereichskomitees*, die manchmal Lenkungsausschuss genannt werden.

Während Ihrer TPM-Installation und später wird es viele *TPM-Kleingruppen* (CATS) geben. Dies sollten »natürliche« Gruppen sein, die zu einer Maschinengruppe, Zelle oder einem Band oder einer Linie »gehören«. Sie werden alle TPM-Aufgaben entsprechend der Reihenfolge und dem Plan Ihrer Installation ausführen. Sie geben sich gewöhnlich einen Namen und entwickeln einen starken Teamgeist. Diese Teams werden später umfassender diskutiert.

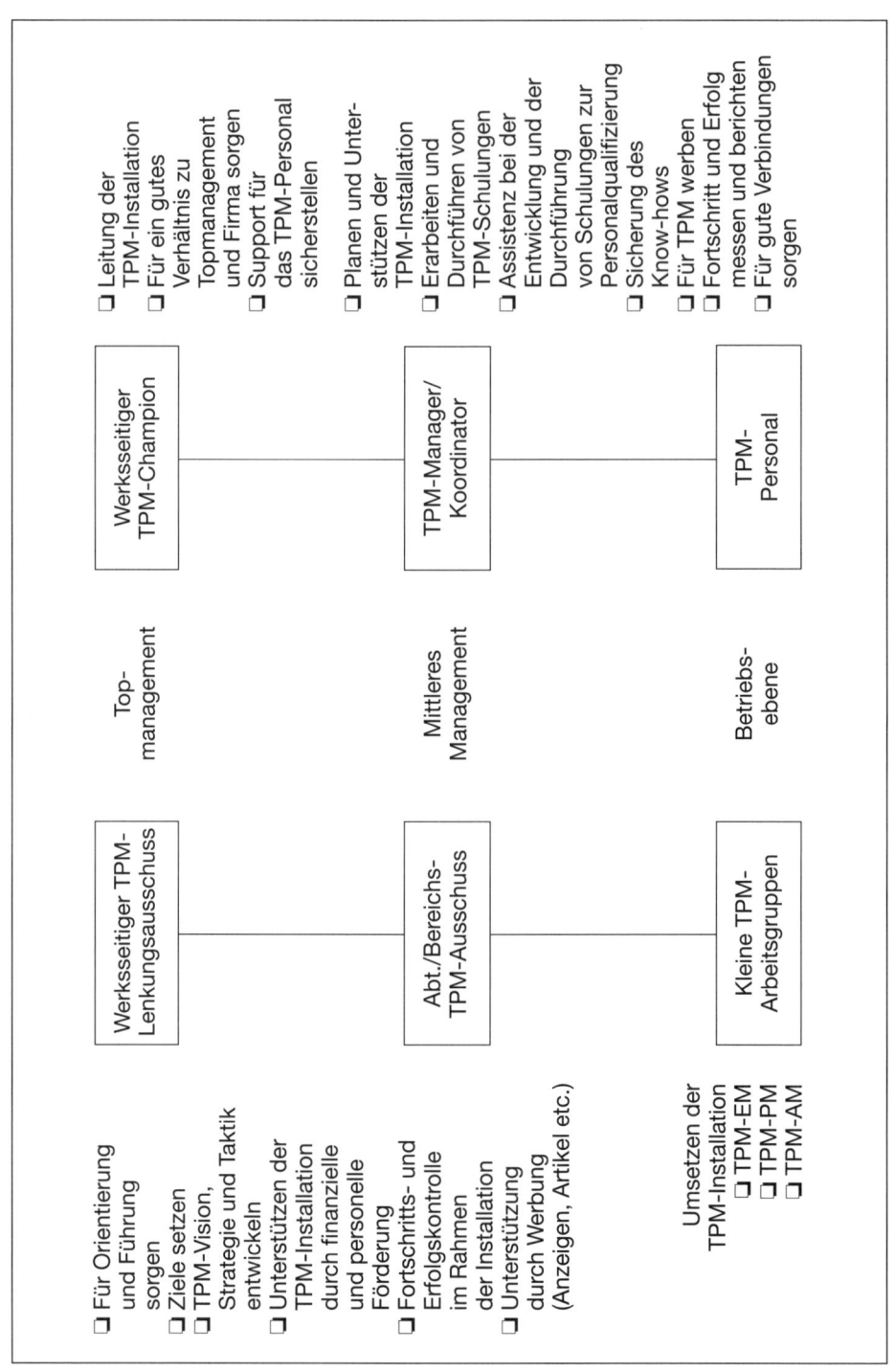

Abbildung 29: TPM-»Aufgabenbeschreibungen«

Es ist sehr wichtig, dass alle Arbeitsgruppen und Positionen wie skizziert eingerichtet werden. Ihre TPM-Installation wird sich verzögern, wenn die Organisation, von der sie unterstützt werden soll, dann, wenn sie gebraucht wird, nicht vorhanden ist.

Schritt 3:
Erarbeiten der TPM-Vision, TPM-Strategie und TPM-Politik

Bevor man »in die Öffentlichkeit« geht, ist es notwendig, sich eine TPM-Vision und eine Strategie erarbeitet und die TPM-Politik festgelegt zu haben. Die Vision sollte breit angelegt und ehrgeizig sein und reflektieren, auf welchem Stand Ihr Unternehmen in fünf oder zehn Jahren zu sein wünscht. Sie ist oft verknüpft mit »Weltklassehochleistung«, Qualität, Partnerschaft oder ähnlichen Schlagwörtern und kann einen Slogan enthalten, der während der TPM-Promotion genutzt werden kann. Die TPM-Vision wird erarbeitet von dem TPM-Lenkungsausschuss, basierend auf den Vorschlägen des TPM-Managers oder TPM-Champions.

In großen Gesellschaften, wo in vielen oder allen Niederlassungen geplant ist, TPM zu übernehmen, ist es ratsam, eine gesellschaftsweite TPM-Vision und -Politik herauszugeben, um eine Richtlinie für alle Sektionen und Niederlassungen zu haben. Ein ausgezeichnetes und lobenswertes Beispiel ist die Ford Motor Company, wo das Grundsatzrundschreiben Nr. 18, unterzeichnet vom Vorstandsvorsitzenden Mr. H. A. Poling, die Vision und das Ziel festlegte mit »Erreichen und Erhalten von Weltklasseleistung in der Fertigung« durch TPM (Abb. 30).

Solch eine Grundsatzerklärung dient in allen Betrieben als ein klares Signal, dass das Topmanagement der Gesellschaft den Wert von TPM erkannt hat, eine Zusage gemacht hat und die Durchführung von TPM in allen Werken, Tochtergesellschaften und angegliederten Unternehmen nach Kräften fördern und unterstützen wird.

Das entbindet jedoch nicht alle Niederlassungen davon, ihre eigenen TPM-Ziele zu erarbeiten, ganz im Gegenteil. Die besten Ergebnisse wurden dort erreicht, wo eine sorgfältige Machbarkeitsstudie durchgeführt wurde und sich das Sektions-, Werks- und Bereichsmanagement überzeugend für TPM ausgesprochen hat.

Die TPM-Strategie muss vom Lenkungsausschuss erarbeitet werden. Wie lauten in Ihrem Unternehmen die strategischen Ziele für die Fertigung? Kostenreduktion? Kapazitätserweiterung? Exzellente Qualität? Just-in-Time-Fertigung? Sie können Ihre TPM-Entwicklung so strukturieren, dass sie Ihre Unternehmensstrategie unterstützt, was wiederum die Prioritäten und die Reihenfolge der TPM-Installation beeinflusst.

Grundsatzerklärung Nr.18   15.Juni 1992

Thema: TPM bei Ford

Diese Grundsatzerklärung stellt das Konzept von TPM bei Ford vor – eine Firmenphilosophie und Methode zur Prozessverbesserung, durch die Sicherheit,
Effektivität und Lebensdauer der Betriebsanlagen maximiert werden bei gleich-
zeitiger Unterstützung weiterer Ziele hinsichtlich der Herstellung und der Produktqualität. Diese Philosophie und diese Methode sollen Mission, Werte und
Führungsprinzipien unseres Unternehmens sowie das Konzept von der allgemein
herausragenden Produktqualität vervollständigen.

Das Ziel von TPM bei Ford ist die Verbesserung unserer Konkurrenzfähigkeit in
jedem Bereich, indem eine herausragende Weltklasseleistung in der Herstellung
erreicht und beibehalten wird. Die vollständige und dauerhafte Zustimmung sowohl des Managements als auch jedes einzelnen Angestellten des Unternehmens
zur Durchführung von TPM ist für die Realisierung dieses Ziels unabdingbar.
Dies ist insbesondere wichtig, weil die Erfahrungen in anderen Unternehmen
darauf hindeuten, dass es drei bis fünf Jahre dauern kann, bis dieses Verfahren
vollständig implementiert ist.

Die fundamentalen Elemente und Prinzipien von TPM bei Ford sind:

* Eine signifikante Verbesserung der Abläufe in Betrieb und Instandhaltung der
  Anlagen und Maschinen im gesamten Unternehmen bei gemeinsamer Mitwirkung von Betriebsrat, der ganzen Belegschaft und des Managements.
* Verbesserung der Produktqualität mittels einer Verbesserung der Kapazität
  und Zuverlässigkeit der Betriebsanlagen.
* Maximierung der gesamten Effektivität, Leistung und Sicherheit unserer Her-
  stellungsprozesse, Systeme und Maschinen hinsichtlich der Produktivität, Produktqualität, Betriebsführung und Eliminierung aller Arten von Verschwen-
  dung und Verlusten (z.B. Maschinenausfälle, fehlerhafte Produkte, Ausschuss
  und Arbeitsunfälle).
* Erreichen einer optimalen Zuverlässigkeit und Lebensdauer der Maschinen
  und einer Kostenminimierung für Reparatur und Ersatz der Maschinen.

                               ******

Der Präsident und Hauptgeschäftsführer, assistiert vom TPM-Entscheidungsgre-
mium unter Vorsitz der stellvertretenden Geschäftsführer des Geschäftsbereichs
Fahrzeuge, ist verantwortlich für die Interpretation und Ausführung dieser
Grundsatzerklärung. Fords Tochtergesellschaften und angegliederte Unternehmen werden ermuntert, eine ähnliche Firmenpolitik zu übernehmen.

H. A. Poling
Vorstandsvorsitzender

Abbildung 30: Grundsatzerklärung Nr. 18 der Ford Motor Company

Bevor eine TPM-Schulung und Promotion stattfinden kann, muss der Lenkungsausschuss auch Grundsätze erarbeiten. Wenn die Mitarbeiter während der Machbarkeitsstudie erstmals etwas über TPM hören, werden eine Menge Fragen aufgeworfen. Wird die Teilnahme an einer Arbeitsgruppe obligatorisch sein? Wird TPM zu einer Verkleinerung der Belegschaft führen? Werde ich mehr verdienen, wenn ich meine Fähigkeiten verbessere und sich meine Arbeit ändert? Wenn ich kein gutes Gefühl dabei habe, »Instandhaltungsarbeiten« an meiner Maschine selbst durchzuführen, was dann? Bekommen wir eine finanzielle Belohnung, wenn wir (die CATS) für eine wesentliche Kostenreduktion sorgen?

Es ist empfehlenswert, dass im Rahmen von Gruppenarbeit alle Mitarbeiter der Fertigung und Instandhaltung einem TPM-Team angehören. Es ist schwierig, TPM-Teamsitzungen durchzuführen, wenn zum Beispiel nur fünf der acht Mitarbeiter einer Linie oder eines Prozesses teilnehmen. Typischerweise wird diese Linie oder Fertigung während der Teamsitzung abgestellt, denn »Arbeit mit dem Kopf« (in einer Gruppensitzung) ist ebenso wichtig wie die Arbeit an der Maschine. In sehr großen Werken (mit Tausenden von Mitarbeitern) wird die TPM-Organisation allerdings anders aussehen, weil es nicht praktisch (oder nötig) ist, Hunderte von TPM-Teams zu betreiben.

Pläne zur »fähigkeitsorientierten Bezahlung« werden populärer und passen perfekt in ein TPM-Umfeld. Auch ohne einen solchen Plan gibt es in den meisten Unternehmen verschiedene Jobklassifizierungen, die manchmal ausgeweitet werden, um den während des TPM-Programms verbesserten Fähigkeiten der Bediener gerecht zu werden. Wie später noch diskutiert werden wird, sollte keine Aufgabe übertragen werden, wenn der Angestellte sich damit nicht wohlfühlt oder glaubt, sie nicht sicher ausführen zu können.

Sehr oft existiert ein Vorschlagswesen, das den Angestellten, die Ideen zur Produktivitätssteigerung erarbeiten, finanzielle Belohnungen in Aussicht stellt. Ein solches existierendes System kann durchaus verändert und erweitert werden, damit es den von Arbeitsgruppen entwickelten Verbesserungen entspricht.

Schritt 4:
Erarbeiten der Ziele von TPM

Mit einer guten Machbarkeitsstudie sollte dies relativ leicht sein, da Sie Ihre gegenwärtigen OEEs und Verluste kennen. Sehr oft wird ein Ziel von 85 Prozent OEE oder eine Verbesserung des gegenwärtigen OEE um 50

Prozent bestimmt. Es gibt eine Vielzahl anderer Ziele, die festgelegt werden sollten:

- Steigern der MTBF (durchschnittliche Zeit zwischen Maschinenversagen) auf einen bestimmten Stand (Reduktion der Betriebsstörungen)
- TEEP-Steigerung auf einen bestimmten Stand
- Reduktion der Ausschussrate
- Verbesserung der PM-Erfüllung für jede Art der Dringlichkeit bis zu einem vorbestimmten Maß
- Erreichen eines bestimmten Prozentsatzes an TPM-Beteiligung (Anzahl der gegründeten Teams)
- Steigerung der Anzahl an Vorschlägen, die von Einzelpersonen und Teams gemacht werden
- Reduktion der Anzahl von Unfällen
- Reduktion der Einricht- und Umrüstzeiten bis auf einen bestimmten Stand
- Steigerung der durchschnittlichen Fähigkeiten bis zu einem bestimmten Punkt
- und weitere Ziele

Ihre Basisanalyse wird umfassende Gelegenheiten, Ziele festzusetzen, liefern. Erarbeiten Sie *Zieldaten* für jedes Ziel, und zwar in realistischen Schritten und Stufen, nicht einfach ein globales Ziel, das in drei Jahren erreicht werden soll. Zu Ihrer auf den Daten basierenden TPM-Realisierung wird es gehören, die Fortschritte in jedem Bereich auf dem Weg zu den Zielen zu *messen*.

Schritt 5:
Vermitteln von Informationen und Schulung zu TPM

Dies gehört zum Thema »Ihre Organisation für TPM konditionieren«. In den meisten Werken bedeutet die Einführung von TPM eine ziemliche Änderung der Betriebskultur. Es ist wichtig, dass jeder, der davon betroffen ist, weiß, was TPM ist, wie es funktioniert und in welcher Weise es ihn betreffen wird.

Es gibt verschieden Stufen und Typen der TPM-Schulung und Information:

1. Schulung des Managements
2. Information der Mitarbeiter
3. Schulung der Mitarbeiter

Da die Zustimmung und die Unterstützung des Managements essenziell für den Erfolg von TPM ist, kommt der *Schulung des Managements* eine große Bedeutung zu. Häufig wird diese von einem TPM-Unternehmensberater durchgeführt, da niemandem im Werk bereits alle Aspekte von TPM bekannt sind oder die Vorgehensweisen, die von anderen Betrieben auf der Welt erfolgreich angewendet worden sind. Es ist entscheidend, dass eine »kritische Masse« von mindestens 50 Prozent des Managements TPM versteht und unterstützt. Die Erfahrung zeigt, dass annähernd alle Manager TPM unterstützen, wenn sie erst einmal klar verstanden haben, worum es dabei geht und was es bewirken kann. Manchmal erhält vor der Machbarkeitsstudie nur das Topmanagement des Betriebs eine TPM-Schulung und TPM-Informationen. In diesem Fall ist es wichtig, während dieser Vorbereitungsphase der Installation alle anderen Mitglieder des Managements bis hinunter zum Meister, den Gruppensprechern und den Betriebsratsmitgliedern (falls Sie das nicht bereits getan haben) zu informieren und zu schulen.

In der Regel dauert diese Schulung einen halben bis einen Tag und wird in Form eines Seminars im Haus durchgeführt. Das Ergebnis der Machbarkeitsstudie und die inzwischen festgelegten Ziele und TPM-Grundsätze sollten in diese Schulung miteinbezogen werden.

Die grundsätzliche TPM-Information für Angestellte muss allen Maschinenarbeitern, Instandhaltungsmitarbeitern, Ingenieuren, Mitgliedern der Schulungs- und Personalabteilungen und anderen geeigneten Mitarbeitern übermittelt werden. Dies kann in Form eines kurzen Videobands, eines vorbereiteten Vortrags oder mit anderen Mitteln erfolgen. Diese Sitzungen finden normalerweise in Gruppen mit 20 bis 30 Personen statt und dauern eine Stunde. Die Präsentation sollte ungefähr eine halbe Stunde in Anspruch nehmen, damit eine halbe Stunde für Fragen und Diskussion bleibt. Gewöhnlich hält der TPM-Manager oder ein Mitglied des TPM-Stabs diese Informationsstunde in Anwesenheit des betreffenden (und unterstützenden) Bereichsleiters ab. Wenn Sie gewerkschaftlich organisiert sind, ist die Anwesenheit eines Betriebsrates ebenfalls empfehlenswert.

Die *Schulung der Mitarbeiter* muss in kleinen Gruppen erfolgen, wenn sie zum TPM-Start bereit sind. Diese Schulung ist detaillierter und schließt eine Beschreibung des TPEM-Prozesses und seiner Komponenten (EM, PM und AM) ein. Details der Machbarkeitsstudie, die geplante Vorgehensweise und die Reihenfolge der Installation, die unterstützende TPM-Organisation, die Ziele und Grundprinzipien und mehr sollten behandelt werden. Diese Schulung, ebenfalls vom TPM-Manager oder -Stab durchgeführt, dauert zwei bis drei Stunden (einschließlich Diskussion) und dient normalerweise als erster Schritt, um die Arbeitsgruppen in Gang zu bringen.

Dieser Informations- und Schulungsprozess verbraucht den Großteil der Zeit einer typischen TPM-Planungs- und -Vorbereitungsphase. Es ist ein wichtiger Teil Ihrer TPM-Entwicklung und sollte nicht zu kurz kommen, da Sie dabei sind, eine neue Unternehmenskultur zu erarbeiten.

Schritt 6:
Durchführen von Public Relations (PR)

Zur Vorbereitung Ihres Betriebs auf TPM gehört, einige PR-Aktivitäten durchzuführen. Am verbreitetsten sind Artikel über TPM in der Unternehmens- oder Werkszeitung. Abbildung 31 zeigt einen von Bill Maggard 1986 geschriebenen Artikel, mit dem TPM bei der Tennessee Eastman Company (TEC) eingeführt wurde. Bill Maggard hatte sich angeschickt, die erste, umfangreichste und mit Abstand erfolgreichste TPM-Installation außerhalb Japans, vielleicht auch einschließlich Japans, zu leiten.

Eine weitere ausgezeichnete TPM-Einführung jüngeren Datums wurde von Andy Gill geschrieben, der TPM-Manager bei den zur Elektroniksektion von Ford gehörenden Enfield/Treforest-Werken (GB) ist. Diese Werke, beide gewerkschaftlich organisiert, haben eine ausgezeichnete und sehr schnelle Entwicklung gemacht, die folgenden Faktoren zuzuordnen ist: starke Unterstützung (und Herausforderung) durch den Konzern und die Division; uneingeschränkte und enthusiastische Unterstützung durch den Bereichsleiter Paul Taylor; hervorragende Beteiligung der beiden lokalen Gewerkschaften; engagierte Leitung durch den TPM-Manager; eine erstklassige, von zwei fleißigen Teams durchgeführte Machbarkeitsstudie; ernsthaftes Engagement bei der TPM-Schulung; gute Planung der Installation und schließlich PR und Kommunikation auf hohem Niveau, wie der Zeitungsartikel beweist (Abb. 32).

Andere PR-Mittel sind Poster und Spruchbänder, die in Japan und anderen asiatischen Ländern weit verbreitet sind, nicht so sehr dagegen im Westen. Die Verwendung eines Schwarzen Bretts für TPM-Aktivitäten wird als Mittel für PR und insbesondere für die Kommunikation überall sehr populär – und es funktioniert.

Bei vielen Firmen, einschließlich DaimlerChrysler, General Motors, Ford, VW, Continental AG, Dunlop, Kiekert AG, INA, Siemens, Bosch und Alusuisse wurden TPM-Buttons und/oder TPM-Broschüren hergestellt, die jedem Mitarbeiter nach Abschluss der einführenden TPM-Schulung überreicht wurden. Einige Werke haben sogar kurze Videofilme für die TPM-Werbung und -Information hergestellt.

TPM beim Qualitätsmanagement

Was ist TPM?

Instandhaltung und Herstellung arbeiten in jedem TEC-Betrieb partnerschaftlich zusammen, um die Produktqualität zu verbessern, den Ausschuss zu reduzieren und den Instandhaltungsstandard bei TEC zu verbessern. Diese Partnerschaft wird TPM genannt. »T« steht für »Total«, womit betont wird, dass sich alle Angestellten an der Instandhaltung ihrer Maschinen beteiligen werden.

TPM bei TEC besteht aus fünf Komponenten. Die Konzepte bauen darauf auf, dass Bediener und Mechaniker zusammenarbeiten und dadurch erkennen, wie ihre Funktionen zusammenwirken und was sie tun müssen, um sich gegenseitig zu unterstützen.

1. Einsatz der Bediener bei bestimmten routinemäßigen Instandhaltungsarbeiten an ihren Maschinen. Das Gefühl, Besitzer ihrer Maschinen zu sein, wird es den Bedienern erleichtern, mögliche Ursachen für Störungen zu eliminieren. Die Bediener können ihren Teil zur Vermeidung von Störungen beitragen, indem sie auf Staub, Rattern, gelockerte Schrauben, Risse, Verformungen und Verschleiß achten, die alle zusammen Störungen verursachen.

Die Bediener werden sorgfältig in der Ausführung spezieller Aufgaben geschult und anschließend zertifiziert. Sie werden auch das passende Werkzeug für diese Arbeit bekommen.

Sicherheit muss zuvorderst bei den Entscheidungen stehen, die Fähigkeiten der Maschinenbediener zu verbessern.

2. Unterstützung der Mechaniker bei Reparaturen von Maschinen durch die Bediener. Häufig fallen mehrere Teile der Betriebsanlagen gleichzeitig aus und die Wartung hat dann nicht genügend ausgebildete Fachleute, um schnell alle Störungen zu beheben. Manchmal müssen die Bediener nach Hause geschickt werden, weil das Instandhaltungspersonal noch nicht zu den stillstehenden Maschinen kommen konnte. Bei diesem Konzept werden die Bediener sorgfältig ausgebildet, um dem Instandhaltungspersonal bei der Reparatur der Maschinen assistieren zu können. Als Folge davon werden mehr Mitarbeiter für Instandhaltungsarbeiten zur Verfügung stehen, die Bediener werden nicht aufgrund von fehlender Arbeit weniger verdienen, und schließlich werden die ausgefallenen Maschinen schneller wieder in Betrieb gesetzt.

3. Unterstützung der Bediener beim Herunterfahren und Starten der Maschinen. Es gibt Zeiten, wo die Bediener Hilfe beim Herunterfahren und/oder Starten der Betriebsanlagen benötigen würden, ohne dass sie jedoch Hilfe bekommen. Das verlängert das Herunterfahren und verursacht damit Wartezeiten für das Instandhaltungspersonal. Wenn entsprechend ausgebildete Mechaniker den Bedienern beim Herunterfahren der Maschine helfen, können die Ausfallzeiten der Maschinen reduziert werden.

Nach Beendigung der Reparaturarbeiten werden die Mechaniker die Bediener wieder unterstützen, diesmal bei der Inbetriebnahme der Maschine, indem sie die dabei auftretenden mechanischen und elektrischen Probleme beseitigen. Dadurch dass sie am Arbeitsplatz bleiben und die Bediener unterstützen, bis die Maschinen läuft, werden viele erneute Anforderungen vermieden und die gesamte Stillstandszeit reduziert.

4. Einsatz von Mitarbeitern von geringerer Qualifikation für die Durchführung von Routinearbeiten, die keine höherqualifizierten Fachleute benötigen. Bei TEC gibt es viele Routinearbeiten, die so ziemlich von jedem, auch von jemandem mit wenig Ausbildung ausgeführt werden können. Während des TPM-Programms werden diese Aufgaben definiert, und wenn es für die Bediener und Mechaniker nicht möglich ist, sie in ihrer übrigen Zeit zu erledigen, dann wird dafür geringer qualifiziertes Personal eingesetzt. Die Mitarbeiter mit diesen Aufgaben berichten entweder der Herstellung oder der Instandhaltung.

5. Einsatz intelligenter Elektronik, damit Kalibrierungen von Bedienern oder geringer qualifizierten Mitarbeitern vorgenommen werden können. Das Qualitätsmanagement bei TEC verlangt entsprechend kalibrierte Geräte. Voraussetzung für den Einsatz von SPC-Listen für die Steuerung des Maschinenlaufs ist die Auswertung von Daten, die so genau wie nur möglich sind. Im Rahmen des TPM-Programms hat die Instandhaltungsabteilung eine Computer- und Kalibrierungseinheit zum Austesten angeschafft. Dieses System wird es TEC ermöglichen, die Kalibrierung kritischer Geräte effektiver routinemäßig zu überwachen und zu protokollieren.

Piloteinsatz von TPM

Um den Einsatz von TPM bei TEC zu beurteilen, werden im Februar 1987 verschiedene Arbeitsgruppen, bestehend aus Mitarbeitern der Herstellung und der Instandhaltung, gegründet um:

A. Pilotbereiche auszuwählen, in denen TPM getestet und bewertet werden kann;

B. auszuwählen, welches der oben beschriebenen Konzepte jeweils in den Pilotbereichen zum Einsatz kommt;

C. Aufgaben zu bestimmen, die während TPM untersucht werden;

D. die notwendigen Daten und Messungen festzulegen, um Aufgaben zu protokollieren.

Die Pilotprojekte werden ungefähr sechs Monate laufen und dann hinsichtlich Verbesserungen und Ausweitung auf andere Bereiche beurteilt.

Der Artikel erschien im Dezember 1986 in der Zeitschrift Plant Maintenance Division (PMD) Newsletter der Tennessee Eastman Company (TEC).

Abbildung 31: Newsletter (Tennessee Eastman Company)

Vorwärts mit TPM

Dave Boergner war erstmals nach seiner Ernennung zum Geschäftsführer der Elektronikabteilung im Enfield-Werk zu Besuch.

Und während er anwesend war, um an der Vorstellung der PM-Höchstleistung teilzunehmen, wurde mit ihm der 24-Punkte-Plan von Enfield/ Treforest durchgesprochen, mit dem TPM in Angriff genommen wird.

Er engagiert sich sehr für TPM – als Geschäftsführer der Elektronikabteilung, der TPM und PM-Höchstleistung als Champion leitet.

Was genau ist nun TPM, das sich jetzt direkt dem Q1 und der kürzlich erreichten PM-Höchstleistung anschließt?

Die erste Einführung der Angestellten in TPM fand auf einer zweitägigen Konferenz statt, an der Vertreter der Gewerkschaft, Führungskräfte, Angestellte und Arbeiter teilnahmen.

Das Seminar wurde von E. Hartmann vom International TPM Institute, USA, gehalten.

Bediener

Um einen ersten Eindruck zu vermitteln, beschrieb Herr Hartmann TPM als »eine Philosophie, die dauerhaft die gesamte Effektivität der Betriebsanlagen verbessern kann, unter aktiver Mitwirkung der Bediener.«

Es gibt drei wichtige Ziele, die angestrebt werden:

Kein ungeplanter Stillstand der Maschinen

Keine fehlerhaften Produkte, deren Ursache in den Maschinen liegt

Kein Verlust der Maschinengeschwindigkeit

Weltweit konnte man in Fabriken, die TPM eingeführt haben, feststellen, dass die Arbeiter stolzer auf ihren Arbeitsplatz sind und eine größere Befriedigung in ihrem Job finden. Die Teamarbeit und die individuellen Fähigkeiten wurden verbessert, es gibt ein intensiveres Gefühl, die Maschinen zu besitzen, und ein verbessertes Arbeitsumfeld. Andy Gill, der Koordinator des Programms »Totale Qualitätshöchstleistung« (TQE) bei Enfield/Treforest, sagte dem Review: »TQE und TPM sind eindeutig miteinander verknüpft, da beide ähnliche Ziele verfolgen. Ein Ziel von TQE ist die Bereitstellung einer Methode, mit der die Qualität von allem, was wir tun, verbessert wird. Damit werden die Maschinen und Betriebsanlagen erfasst.

TPM hat daher eine Schlüsselfunktion bei unseren Bemühungen, TQE zu erreichen – auf die gleiche Weise wie auch PM-Höchstleistung eine wichtige Rolle bei TQE spielt.«

TPM ist sowohl kosteneffektiv als auch profitabel. Es werden auftretende Probleme nicht nur bei den wichtigsten, sondern bei *allen* Maschinen erfasst. Ein Umfeld und die Möglichkeiten für mehr Mitwirkung durch alle Angestellte wird geschaffen.

Reinhaltung

TPM beinhaltet drei Hauptphasen. *Autonome Instandhaltung* ist ein unabhängiges Instandhaltungsprogramm, das von den Einrichtern und Bedienern ausgeführt werden kann, wie Schmieren und Reinhaltung. *Präventive* und *vorausschauende Instandhaltung* wird bereits in beiden Betrieben durchgeführt, wenn es sich auch bei der vorausschauenden Instandhaltung um eine Methode handelt, die noch besser eingesetzt werden muss. Hierfür werden Indikatoren wie statistische Prozesskontrolle verwendet, um eine notwendig werdende Instandhaltung vorauszusehen. Die dritte Phase *Management* oder *Verbesserung der Betriebsanlagen* beinhaltet eine Untersuchung der vorhandenen Maschinen, um festzustellen, in welcher Hinsicht Verbesserungen notwendig sind. Zu Beginn des nächsten Jahres wird mit Machbarkeitsstudien für alle drei Phasen begonnen.

»Im Anschluss an die Studien wird uns Ed Hartmann wieder beim Zusammenstellen eines Installationsplans für TPM unterstützen, mit dem eine schnelle Verbesserung des Zustandes und der Leistung unserer Betriebsanlagen angestrebt wird,« sagte Andy Gill.

Abbildung 32: Newsletter (Ford Enfield/Treforest)

Wie diese Beispiele zeigen, sind PR-Aktivitäten bei der Vorbereitung eines Betriebs auf die TPM-Durchführung ziemlich wichtig. Sie schaffen einen Grad von Erwartung und Enthusiasmus, der für die aktive Beteiligung und einen guten Fortschritt von TPM benötigt wird.

Schritt 7:
Erarbeiten des TPM-Gesamtplans

Der TPM-Gesamtplan wird in der Regel vom TPM-Manager und -Stab ausgearbeitet. Es ist ein großer Überblick über die wichtigen TPM-Aktivitäten über einen bestimmten Zeitraum. Viele Gesamtpläne decken eine Dreijahresperiode ab.

In Schritt eins sollten Sie die allgemeine Strategie und Abfolge der Installation erarbeitet haben. Entscheiden Sie für jede Abteilung, wann Sie mit den jeweiligen wichtigen Aktivitäten beginnen und wie lange dafür gebraucht werden sollte.

Es ist schwierig, den Zeitbedarf für die verschiedenen Aktivitäten abzuschätzen, da Sie noch keine Erfahrungswerte haben. Aus diesem Grund dient der Gesamtplan in erster Linie dem Ziel, sich ein Bild von der Summe der Aktivitäten entlang einer »Zeitlinie« und insbesondere von einem gestaffelten Beginn in den verschiedenen Abteilungen eines großen Werkes zu machen (Abb. 33). Wenn Sie im Verlauf der Pilotinstallation erst einmal ein besseres Gefühl für den tatsächlichen Zeitbedarf bekommen, dann ändern Sie den Gesamtplan ab, um ihn realistischer zu machen.

Verweilen Sie nicht beim Gesamtplan, denn zu diesem Zeitpunkt arbeiten Sie nur mit bloßen Schätzungen. Die meisten existierenden Gesamtpläne stammen direkt aus irgendeinem Buch und haben nur wenig Ähnlichkeit mit der Realität. Und die guten Gesamtpläne, die viele Details zeigen, wurden nach der Durchführung erarbeitet. Es ist ein guter Weg, um die geplante Abfolge Ihrer TPM-Installation und einen *geschätzten* Zeitbedarf zu zeigen.

Schritt 8:
Erarbeiten des Plans für die Pilotinstallation

Die Pilotinstallation ist ein entscheidendes Element Ihrer TPM-Entwicklung. An diesem Punkt müssen Sie allen anderen im Betrieb demonstrieren, dass TPM »funktioniert«. Sie probieren Methoden aus, die niemals zuvor in Ihrem Betrieb angewandt wurden. Die Pilotinstallation ermöglicht es Ihnen jedoch, Korrekturen an Ihrer TPM-Methode anzubringen,

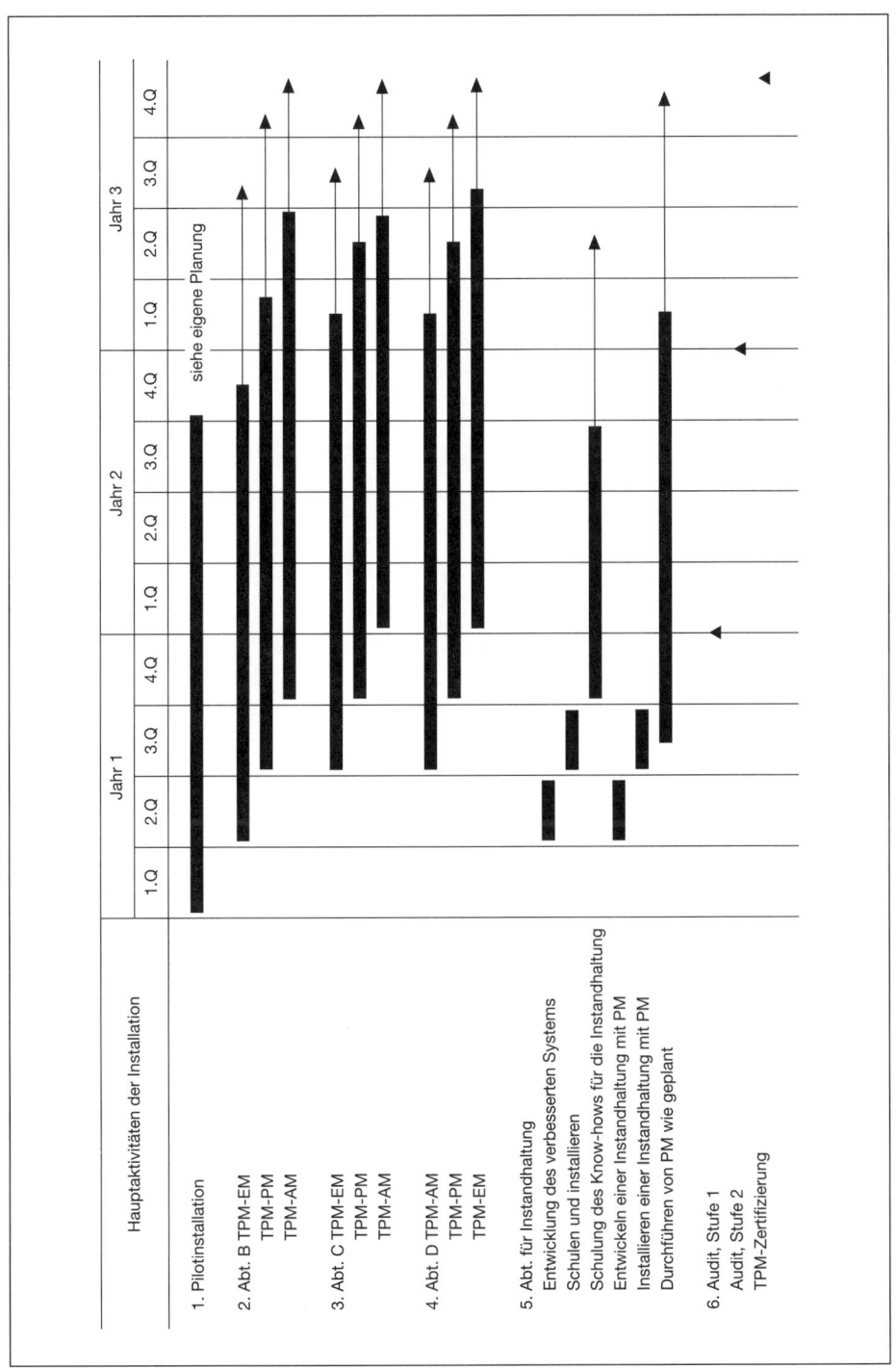

Abbildung 33: Beispiel eines TPM-Gesamtplans

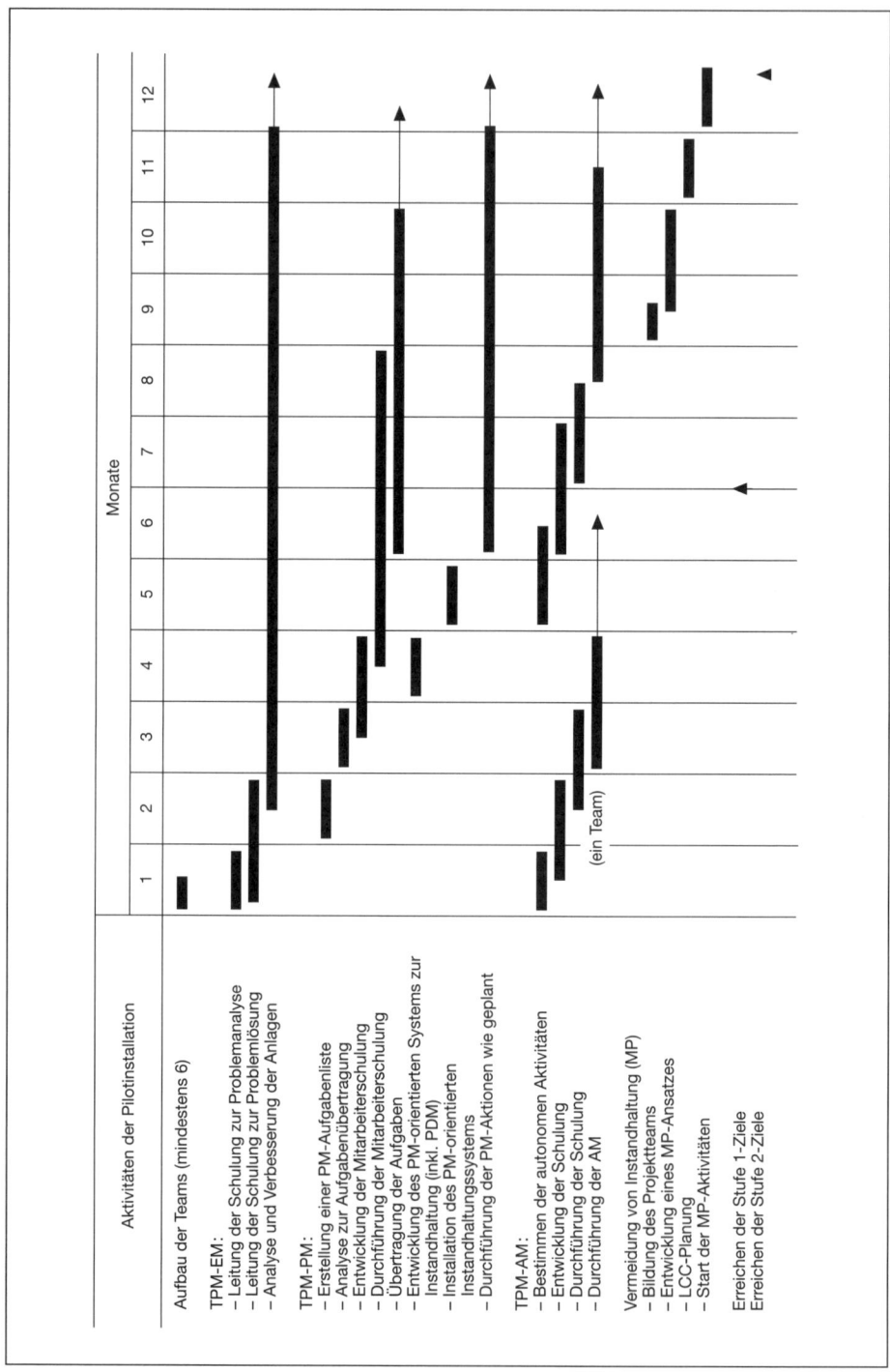

Abbildung 34: Beispiel eines Plans für die TPM-Pilotinstallation

bevor Sie sie auf das ganze Werk ausdehnen. Erstellen Sie den Plan so detailliert wie möglich, basierend auf Ihren Strategien und Prioritäten für die Installation (siehe das Beispiel in Abb. 34). Ein Schlüsselelement in dieser Phase ist die Bildung der TPM-Teams (CATS) so früh wie möglich.

Wenn Sie mit TPM-EM beginnen, kommt als Nächstes die Schulung der Methodik der Problemanalyse und der Techniken zur Problemlösung. Die Arbeitsgruppen werden dann mit der Entwicklung von Ideen zur Verbesserung von Maschinen und Verfahren beginnen. Diese Tätigkeit kann, abhängig vom Zustand Ihrer Betriebsanlagen, sehr lange andauern.

Wenn Sie mit TPM-AM beginnen, könnten Sie mit einer Phase des »anfänglichen Reinigens der Maschinen« beginnen, mit einer anschließenden Verbesserung, welche die Ursachen der Probleme reduziert oder eliminiert.

Es folgt das routinemäßige Reinigen und Schmieren, einschließlich der Entwicklung der hierfür notwendigen Verfahren. Das bedeutet möglicherweise die Schulung der Teams in den richtigen Verfahren. Erarbeiten Sie danach die Arbeitsabläufe für die Inspektionen durch die Maschinenarbeiter (mit deren Beteiligung) und beginnen Sie mit der Schulung, die letztendlich eine selbstständige Inspektion der Maschinen durch die Teams bewirkt.

Beim TPM-PM planen Sie als ersten Punkt eine Analyse zur Aufgabenzuweisung ein auf der Grundlage der vorhandenen (oder noch zu entwickelnden) PM-Checklisten. Diese Analyse ergibt, welche Aufgaben jetzt übertragen werden können und welche (und in welchem Umfang) Ausbildungsmaßnahmen erfolgen müssen. Es muss die Zeit eingeplant werden, die für die Erarbeitung und Durchführung dieser PM-Schulung der Maschinenarbeiter benötigt wird. Die nächste Phase des Zeitplans umfasst die schrittweise Übertragung der PM-Aufgaben, wenn die Maschinenarbeiter fähig und motiviert sind, sie auszuführen.

Die Entwicklung des auf der Instandhaltung beruhenden PM-Systems muss ebenfalls geplant werden. Die Ergebnisse der Machbarkeitsstudie werden zeigen, wie viel Arbeit dies in Anspruch nehmen wird. Es kann ziemlich viel Zeit benötigt werden, wenn Ihr PM-System noch nicht weit entwickelt ist. Folgen Sie den in Kapitel 8 umrissenen Schritten.

Der Aufbau eines effektiven Instandhaltungsmanagements gehört normalerweise nicht zu einer Pilotinstallation, da es die gesamte Instandhaltungsabteilung betrifft. Planen Sie dies in Ihrem Gesamtplan ein und erarbeiten Sie, falls notwendig, einen gesonderten Zeitplan für diese Aufgabe.

Es ist jedoch ratsam, Aktivitäten zur Instandhaltungsprävention (MP Maintenance Prevention) in die Pilotinstallation einzubeziehen. Mit dem

Engagement der Arbeitsgruppen für die Verbesserung der Maschinen und für Instandhaltungsaktivitäten tritt der Anreiz, Instandhaltung zu vermeiden und sich auf die LCC zu konzentrieren, in den Vordergrund.

In Ihrer Pilotinstallation wollen Sie alle denkbaren TPM-Alternativen so früh wie möglich testen, um Erfahrungen für Ihre betriebsweite Installation zu sammeln. Mit dieser sollte drei Monate vor der gestaffelten Gesamtinstallation begonnen werden; sie wird als »Lokomotive« für alle anderen Bereiche wirken.

Schritt 9:
Erarbeiten detaillierter Pläne für die weiteren Installationen

Obwohl dies zur Planung der Installation gehört, wird es gewöhnlich aufgeschoben, bis einige Daten aus der Pilotinstallation verfügbar sind. Die Vorgehensweise entspricht weitgehend der der Pilotinstallation, es sei denn, die Installationsabfolge ändert sich. Sie sollten einen gesonderten Plan für jeden Bereich der Installation erarbeiten und die Pläne nach Bedarf aktualisieren. Berücksichtigen Sie Details wie z. B. Schulungsplanung, Häufigkeit von TPM-Kleingruppen-Meetings und Zieldaten. Zusätzliches Detail könnte die Reihenfolge sein, mit der die Maschinen oder Fertigungsstraßen bearbeitet werden, auf der Grundlage des in der Machbarkeitsstudie festgestellten Bedarfs.

Bestimmen Sie die Anzahl der benötigten Teams und erarbeiten Sie zusammen mit dem Teamleiter einen Arbeits- und Schulungszeitplan für jedes Team, basierend auf den Erfordernissen der Maschinen und dem Schulungsbedarf der Gruppenmitglieder, wie er in der Analyse der erforderlichen/verfügbaren Fähigkeiten festgestellt wurde. Weiterer Schulungsbedarf wird während der Analyse der PM-Aufgabenübertragung festgestellt, die zu Beginn der TPM-PM-Installation durchgeführt wird. Das bedeutet, dass Sie den detaillierten Installationsplan von Zeit zu Zeit aktualisieren müssen.

Das TPM-Büro ist verantwortlich für das Führen aller Installationspläne und für die Koordination der Schulung. Wenn bei bestimmten Schulungsarten die Ressourcen begrenzt sind, dann wird eine sorgfältige Zeitplanung erforderlich. Dieses Büro wird auch die Vergabe von Zertifikaten verwalten und eine Liste über den Kenntnisstand in jeder Gruppe führen, sofern Ihre Schulungsabteilung dies nicht zu tun wünscht. Für alle Bereiche wird der Fortschritt, verglichen mit dem Plan, ebenfalls vom TPM-Büro gemessen und berichtet.

Schritt 10:
Präsentation beim Management

Bevor mit der Pilotinstallation begonnen wird, sollten die verfügbaren Pläne, insbesondere der Gesamtplan und der Pilotplan, dem Management oder dem TPM-Lenkungsausschuss des Werks vorgestellt werden. Das wird das letzte Meeting und die endgültige Zusage vor dem tatsächlichen Beginn der Installation sein. Die Gelegenheit sollte dazu genutzt werden, über die gerade abgeschlossenen Aktivitäten zur TPM-Information, PR und Schulung sowie über die resultierenden Feedbacks zu berichten. Zu diesem Zeitpunkt sollte jedem im Betrieb die TPM-Vision, TPM-Strategie, TPM-Politik und -Ziele bekannt sein und jedes Problem oder potenzielle Problem sollte angesprochen worden sein. Wenn dies geschehen ist, kann Ihre Installation wirklich beginnen.

Phase II:
Die Pilotinstallation

Der Verlauf der Pilotinstallation ist ziemlich derselbe wie der in allen anderen Bereichen Ihrer werksweiten Installation, außer dass es der erste und wichtigste ist.

Da Sie mit Ihrer Pilotinstallation erfolgreich sein müssen oder zumindest einen ausgezeichneten Start haben müssen, ist die Auswahl des Bereichs sehr wichtig. Wählen Sie einen Bereich oder eine Abteilung mit dem richtigen »Betriebsklima« aus; mit anderen Worten, Leute, die kooperativ und begierig sind, sich zu beteiligen, um zu zeigen, dass sie ihre Maschinen und deren Instandhaltung verbessern können. Die Abteilung sollte nicht zu groß sein (ideal sind 50 bis 100 Mitarbeiter) und im typischen Fall eine ausgezeichnete Machbarkeitsstudie aufweisen, das bedeutet die Verfügbarkeit von gutem Datenmaterial. Stellen Sie sicher, dass so viele Leute wie möglich aus den Teams der Machbarkeitsstudie an der Pilotinstallation beteiligt werden, da sie bereits hochgradig motiviert sind (sie haben die Probleme und die Chancen gesehen). Sie werden Ihre »Missionare« sein und andere darin bestärken, sich zu beteiligen.

Der Zweck der Pilotinstallation ist, Vorgehensweisen zu »testen«, bevor Sie sich auf eine bestimmte Ausrichtung der Gesamtinstallation festlegen. Natürlich können Sie die ganze Pilotinstallation nicht *fertigstellen*, bevor Sie mit der werksweiten Installation beginnen, weil Sie nicht die Zeit haben, so lange (zwei bis drei Jahre!) zu warten. Aber mit einem durchschnittlichen Vorsprung von drei Monaten können Sie erkennen, was in Ihrem Werk funktioniert und was möglicherweise überdacht werden muss. Sie können mit verschiedenen Teams unterschiedliche Abläufe austesten, wenn etwa die meisten Teams mit TPM-EM und eines oder mehrere Teams mit TPM-AM beginnen. Bei der Planung für die Pilotinstallation können Sie erkennen, welche Maschinen Verbesserungen brauchen und welche Maschinen Reinigen und anderen Aktivitäten der »autonomen Instandhaltung« benötigen.

Die Bildung von Arbeitsgruppen

Der erste Schritt ist, TPM-Teams (CATS) zu bilden. Sie haben hoffentlich einige Arbeitsgruppen während der Machbarkeitsstudie gegründet, um die Zustandsanalyse der Maschinen durchzuführen. Diese Gruppen sind bereit, jetzt weiterzumachen. Wenn nicht, dann wenden Sie die größtmögliche Bemühung dafür auf, einen hohen Prozentsatz (wenn nicht alle) Ihrer Maschinenbediener, Instandhalter, Ingenieure und Vorarbeiter in den TPM-Kleingruppen zu organisieren.

Überraschenderweise haben in diesem Punkt viele Unternehmen Schwierigkeiten. Es kann bereits eine Teamstruktur vorhanden sein oder ein Konzept von »Arbeitsgruppen«, die ihre eigenen Interessen haben. Während der Machbarkeitsstudie, beim Punkt »Unternehmenskultur«, sollten Sie diese Situation erkannt und sich in der Planung darauf eingestellt haben. Es ist manchmal möglich, bestehende Gruppen (wie etwa Teams in der Fertigung) zu erhalten oder große Arbeitsgruppen in kleinere CATS aufzuteilen. Es kann der persönliche Einsatz des TPM-Managers oder sogar des TPM-Champions oder eines anderen Managers notwendig werden, um die Teams zu organisieren. Es geht nicht von allein. Ohne Teams können Sie kein TPM durchführen!

Jedes Team sollte von einem aus der Gruppe geleitet werden. Wieder bietet die Pilotinstallation die Möglichkeit, verschiedene Vorgehensweisen auszutesten. Nehmen Sie für ein Team einen Ingenieur, einen Instandhaltungsmeister und einen Fertigungsmeister für andere, einen Instandhalter und einen erfahrenen Maschinenbediener für wieder andere Teams. Es gibt keine festen Regeln; Sie müssen herausfinden, was in Ihrer Situation am besten funktioniert. Natürlich müssen die Gruppenleiter wissen, wie ein Team geführt wird, und genügend technisches Wissen haben, um Schulungen und Anleitungen für die Arbeit der Gruppe zu vermitteln. Die meisten Teams möchten sich selbst einen Namen geben, was Sie unterstützen sollten. Einige haben sogar ihr eigenes Logo.

Die Installation von TPM-EM

In den meisten nichtjapanischen Betrieben wird zuerst TPM-EM installiert. Wenn erst einmal die Teams organisiert sind, müssen Sie einen Zeitplan für die Meetings festlegen. Da Sie mit Ihrer Pilotinstallation möglichst schnell vorankommen wollen, sollten wöchentliche Meetings von zumindest einstündiger Dauer das Minimum sein. In den meisten Unternehmen wird mehr als das getan.

Veranlassen Sie, dass sich die Teams in einem Raum des Betriebs treffen, der mit einer Schreibtafel und Flipchart ausgestattet ist. Ein Gruppenmitglied sollte zum Schriftführer ernannt werden und Protokoll führen.

Wenn Sie eine gute Machbarkeitsstudie durchgeführt haben, wird für den Anfang reichlich Datenmaterial zur Verfügung stehen. Manchmal ist es schwierig zu entscheiden, wo man anfangen soll, da es so viel zwingenden Bedarf und Möglichkeiten gibt. Sehen Sie zuerst die OEE und Verlustanalyse der Maschinen des jeweiligen Teams durch. Beginnen Sie mit einem signifikanten Verlust, der sehr häufig in Zusammenhang mit Leerlauf, geringfügigen Störungen oder wiederholtem Ausfall steht. Manchmal handelt es sich auch um sehr lange Rüstzeiten.

Wenn Ihr Team eine Montage- oder Fertigungsstraße von, sagen wir, sechs Maschinen »besitzt«, dann kann die »8-Schritte-Methode zur Festlegung von Prioritäten bei der Anwendung von TPM im Produktionsablauf« genutzt werden, um festzustellen, wo und warum man beginnt (Abb. 35).

Benutzen Sie die folgende Vorgehensweise:

Schritt 1: Stellen Sie den gegenwärtig tatsächlichen Ausstoß jeder Maschine fest (zum Beispiel Teile pro Stunde) (CO = Current Output).

Schritt 2: Bestimmen Sie für jede Maschine den gegenwärtigen OEE (COEE = Current OEE).

Schritt 3: Erarbeiten Sie einen erreichbaren neuen OEE (NOEE), indem Sie die Verluste prüfen und den Einfluss von verbesserten Betriebsanlagen und Wartung abschätzen. Dies kann überraschend genau gemacht werden, wenn die Ausfälle gut bekannt und richtig gemessen wurden. Dies ist eine Aufgabe für die CATS, die dazu beiträgt, Ziele festzulegen.

Schritt 4: Berechnen Sie die prozentuale mögliche Verbesserung der Betriebsanlagen (Verbesserung in Prozent), indem Sie NOEE und COEE miteinander vergleichen.

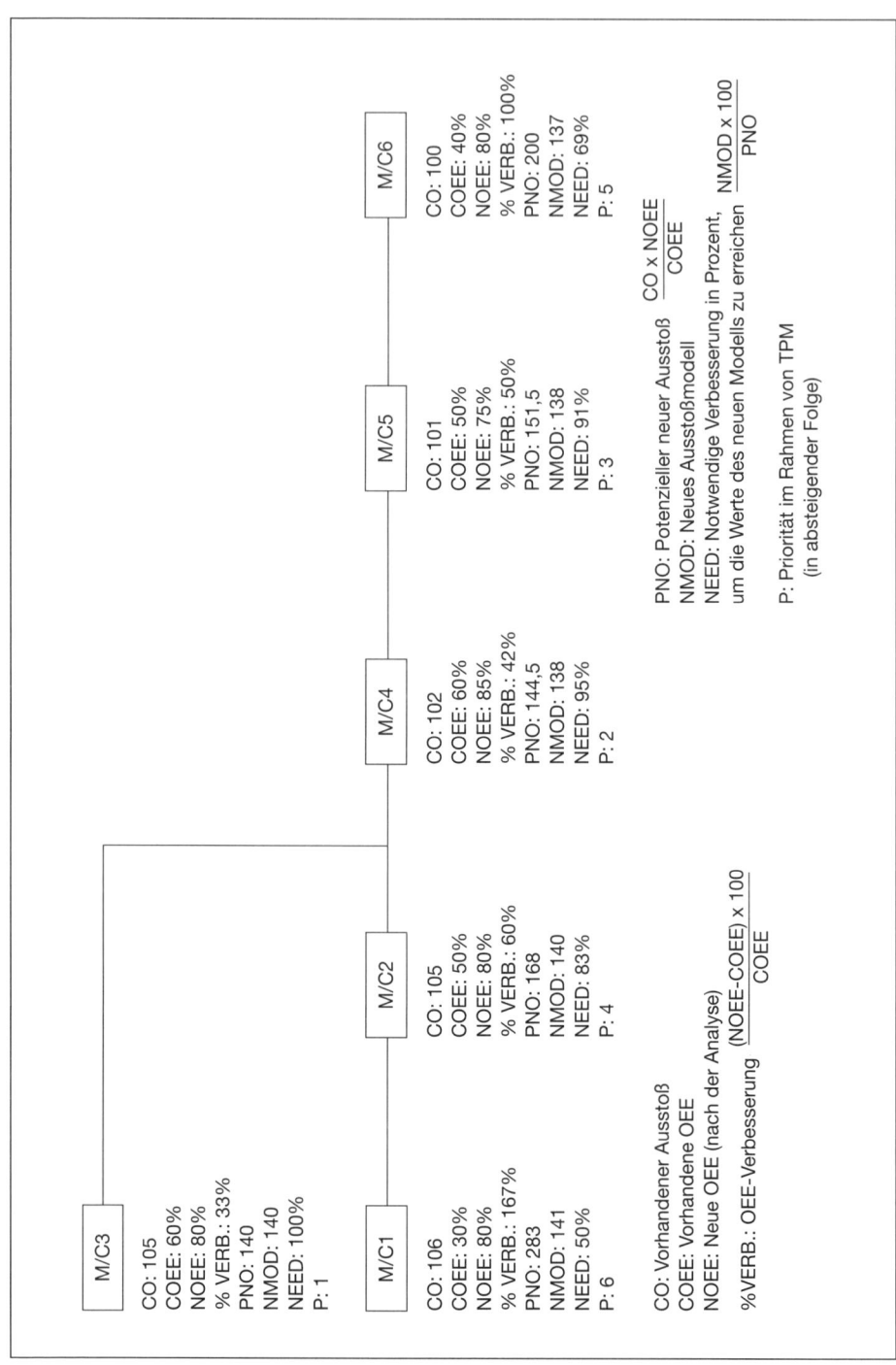

Abbildung 35: Die 8-Schritte-Methode zur Festlegung von Prioritäten bei der Anwendung von TPM im Produktionsablauf

Schritt 5: Rechnen Sie für jede Maschine den gegenwärtigen Ausstoß (CO) in den möglichen neuen Ausstoß (PNO = Potential New Output) um.

Schritt 6: Jetzt können Sie ein Modell (NMOD) für den neuen möglichen Ausstoß der verbesserten Fertigungsstraße entwickeln. Ihre limitierende Maschine (im Beispiel M/C3) wird bestimmen, welche Zahlen von allen Maschinen für einen ausgewogenen Durchfluss erreicht werden müssen.

Schritt 7: In diesem Schritt wird für jede Maschine ermittelt, welcher Prozentwert (NEED) des gesamten Verbesserungspotenzials notwendig sein wird, um die jeweilige Maschine auf die für das neue Modell benötigte Zahl zu bringen. Diese Zahl kann in einem weiten Bereich variieren, abhängig von der Kapazität der Maschine und ihrem gegenwärtigen OEE.

Schritt 8: Bestimmen Sie die Priorität für TPM (P) in absteigender Reihenfolge. Je höher der benötigte Prozentwert, desto höher die Priorität.

Diese Methode ermöglicht es Ihnen, Ihre TPM-Aktivitäten auf Maschinenverbesserungen zu konzentrieren, die einen raschen Einfluss auf den Durchsatz haben. Sie hält Sie auch davon ab, eine Maschine zu »überreizen«, d. h., Verbesserungen zu machen, die weit über das für das neue Modell benötigte Maß hinausgehen. Ihre Ressourcen und die Zeit Ihrer Teams sind begrenzt. Also setzen Sie sie dort ein, wo es zählt! Später können Sie zu jeder Maschine zurückgehen und sie bis an ihre Grenzen verbessern, aber wenn Sie an einem frühen Break-Even für Ihr TPM-Programm und einem hohen ROI interessiert sind, dann wird der erste Durchgang Ihre Betriebsanlagen zu dem höchsten *notwendigen* Potenzial verbessern.

Normalerweise ist von der Machbarkeitsstudie her eine Paretoanalyse verfügbar. Schulen Sie Ihr TPM-Team darin, diese Analyse zu bearbeiten und Prioritäten zu erstellen (Abb. 19). Angenommen, Leerlauf und geringfügige Störungen sind die größten Verluste, und in dieser Gruppe nimmt Materialstau den größten Prozentsatz ein, dann wird das Team jetzt feststellen, an welchen Stellen ein Materialstau auftritt, und diese quantifizieren, was in einem Pareto des dritten Grads resultiert.

Jetzt muss das Team das Problem definieren und beschreiben, einschließlich der Anfertigung von Skizzen usw. Es gibt gewöhnlich zahlreiche Gründe, warum Materialstaus auftreten. Diese Tätigkeit wird direkt zu einer *Analyse* der verschiedenen Ursachen führen. An dieser Stelle ist einige Disziplin notwendig, da die Gruppenmitglieder häufig voreilige Schlüsse ziehen, wenn einige Lösungen naheliegend zu sein scheinen.

Bedenken Sie jedoch, dass Sie die Probleme *beseitigen* und nicht einfach vorläufige rasche Reparaturen durchführen müssen.

Mittlerweile ist das Team gewöhnlich stark engagiert, und Sie können die Begeisterung spüren. Aber Sie haben wieder einen weiteren kritischen Punkt erreicht. Sie müssen die *Lösungen* und *Verbesserungen*, die von den Teams vorgeschlagen wurden, *durchführen*, oder Sie werden die Initiative Ihrer Mitarbeiter schnell zerstören. Gewöhnlich hilft es, wenn sich Instandhaltungsleute an den CATS beteiligen. Aber viele Projekte verursachen einige Kosten und geplanten Maschinenstillstand, um die Änderungen und Verbesserungen installieren zu können. Sie müssen das durchziehen, oder Ihre Aktivitäten zur Verbesserung der Betriebsanlagen werden aufs Spiel gesetzt.

In Kapitel 9 wurden zahlreiche zusätzliche Problemanalysen und Techniken zur Problemlösung vorgestellt und ausführlich diskutiert.

Sie beinhalten:

- OEE-Verlustanalyse (Abb. 24)
- Maschinenzustandsanalyse (Abb. 20)
- Untersuchung der Maschinenlogbücher (Abb. 17)
- Fehlermeldeformular (Abb. 22)
- Zustand-Aktions-Formular (Abb. 21)
- Ursachen-Wirkungs-Diagramm (Abb. 23)
- Analyse der Ursache
- Analyse der Methoden

Ihre Arbeitsgruppen werden diese Techniken erlernen und anwenden, so wie sie sie bei ihrer Arbeit benötigen. Zusätzliche Techniken zur Qualitätskontrolle und REFA-Studien können nützlich sein. Engagieren Sie die entsprechenden Spezialisten und lassen Sie sie nach Bedarf mit den TPM-Teams arbeiten oder sie schulen.

Das Team sollte das OEE ihrer Maschinen ungefähr alle drei bis sechs Monate, bei signifikanten Verbesserungen häufiger, erneut messen. Es ist wichtig, die erzielten Fortschritte und Ergebnisse zu messen und zu publizieren. Sie sollten den Nutzen berechnen und in Ihren Bericht aufnehmen. Der TPM-Stab wird die von allen Teams erreichten Ergebnisse zusammenfassen und der Werksleitung oder dem TPM-Lenkungsausschuss berichten. Es gibt Gesellschaften, wie etwa Ford Electronics Division, die *monatliche* OEE-Berichte von allen ihren Werken verlangen.

Abbildung 36 zeigt eine OEE-Verbesserungsrichtlinie, die von den CATS als eine Checkliste benutzt werden kann. Es ist eine umfassende Liste vieler möglicher Aktionen, die alle wichtigen Maschinenverluste

	OEE = Verfügbarkeit x Leistungseffizienz x Qualitätsrate	
Verfügbarkeit	❏ Verringern der Rüstzeit (Hauptchance) – Beseitigen von Rüstvorgängen – Automatisieren von Konfigurationsänderungen – Verringern der Kalibrationszeit (Automatisieren) – Limitieren der Testläufe (ggf. in der geplanten Standzeit) ❏ Beseitigung von Versagen (Hauptchance) – Anlagenverbesserungen durchführen – Verbesserung der PM (TPM-PM) – Einführung autonomer Wartung (TPM-PM)	✓

Leistungseffizienz	❏ Verringern der Leerläufe/Kurzausfälle (Hauptchance)
	– Verbessern des Materialflusses
	– Ändern der Personalisierung
	  (Beseitigung des Verlusts durch fehlende Bedienung)
	– Anlagenverbesserung (Beseitigen von Störungen der
	  Materialzufuhr) (TPM-EM)
	– Einführen der autonomen Inspektion (TPM-AM)
	– Einführen einer Reinigungs- und Schmierprozedur (TPM-PM)
	❏ Beseitigen der Verluste durch Einbußen in der
	  Anlagengeschwindigkeit (Hauptchance)
	– Austausch abgenutzter Teile (typische Haupt-PM-Maßnahme)
	– Alle Bolzen nachziehen
	– Auswuchten aller rotierenden Teile
	– Verbessern der Schmierung
	❏ Einführen eines verbesserten PM und der vorausschauenden
	  Instandhaltung
		✓

Qualitätsrate	❏ Beseitigen von Ausschuss und Nacharbeit (Hauptchance) – Einführen von SPC (Statistische Prozeßkontrolle) – Verbessern der Anlageneinstellung (TPM-AM) – Einführung einer Anlagenüberwachung (Messen der Abnützung) – Festlegen einer Prozedur zum Werkzeugwechsel (Zählen der Stöße, Takte etc.) – Einführen der autonomen Inspektion (TPM-AM) – Anlagenverbesserung (TPM-EM) – Verbessern der Reinigungs- und Schmierprozeduren (TPM-AM/PM) ❏ Verbessern der Produktqualität (Hauptchance) – Sicherstellen der Anlagengenauigkeit (TPM-AM/PM) – Einführen aller obigen Maßnahmen	✓

Abbildung 36: Leitfaden für die OEE-Verbesserung

ansprechen. Manchmal verlieren sich die Teams in Details, und es wird notwendig, einen Schritt zurückzugehen und sich alle Möglichkeiten anzuschauen.

Diese Richtlinie dient noch einem weiteren Zweck. Sie weist auf notwendige TPM-PM- und TPM-AM-Aktivitäten hin, an die das Team möglicherweise bisher noch nicht gedacht hat. Wenn sie bereits ihre Maschinen verbessert haben, dann sollten die Maschinenarbeiter jetzt noch mehr motiviert sein, sich an PM- und AM-Aktivitäten zu beteiligen, um sicherzustellen, dass ihre Maschinen in einem ausgezeichneten Zustand bleiben.

Installation von TPM-PM

Vorbeugende Instandhaltung (PM) ist das wichtigste Mittel, um Ihre Betriebsanlagen in einem ausgezeichneten Zustand zu halten und um Versagen zu eliminieren. TPM-PM bringt Ihren Betrieb einen gewaltigen Schritt näher an dieses Ziel. Dies ist ein Bereich, zu dem die Maschinenarbeiter wesentlich beitragen können, während gleichzeitig die gesamten Instandhaltungskosten reduziert werden.

Die Aufgabe besteht darin, das Engagement Ihrer Mitarbeiter zu wecken. Wenn Sie mit TPM-EM begonnen haben, dann werden sie sehr wahrscheinlich den Bedarf für eine verbesserte PM erkennen und motivierter sein, »ihre« Maschine in einem guten Zustand zu erhalten. Die Frage ist nun, was Sie tun können und wie Sie methodisch vorgehen sollten, um die passenden Aufgaben zu übertragen. Weder wollen Sie Ihre Maschinenarbeiter zu Aufgaben zwingen, bei denen sie sich nicht wohlfühlen, noch möchten Sie der Instandhaltung Aufgaben entziehen, für die sie sich in hohem Maße als verantwortlich empfindet.

Der beste Weg ist, die beiden Seiten das unter sich selbst, in der Teamarbeit, ausmachen zu lassen. Benutzen Sie die CATS, um einen Anfang zu finden. Abbildung 37 zeigt eine »Analyse zum Übertragen von PM-Aufgaben«, die als ein Hilfsmittel genutzt werden kann. Nehmen Sie die vorhandenen (oder zukünftigen) PM-Checklisten für die Maschinen des betreffenden Teams und stellen Sie für jede Aufgabe, die auf den Formularen aufgeführt ist, drei Fragen:

1. An die Maschinenbediener: Möchten Sie diese Aufgabe übernehmen?
2. An die Instandhalter: Möchten Sie, dass die Maschinenbediener diese Aufgabe übernehmen?
3. An beide: Können die Maschinenbediener diese Aufgabe ausführen?

Input von:	Fertigung	IH	Bereichs-ausschuss	Bemerkungen		
Aufgabe:	Maschinen-bediener möchte die Aufgabe durchführen	Instandhalter möchte, dass das Bedienungs-personal die Aufgabe übernimmt	Maschinen-bediener ist in der Lage, die Aufgabe durchzuführen			
1.	✓	✓	✓	Aufgabe kann sofort übertragen werden		
2.	✓	✓	nein	Zunächst ist Schulung nötig (definieren!)		
3.	nein	✓		Einspruch durch das Bedienungspersonal		
4.	✓	nein		Einspruch durch die Instandhaltung		
5.						
6.						
7.						
	Bedien.	Instand.	Vorarbeiter	Sicherh.	Betriebsrat	
Fähigkeiten	✓	✓	✓	✓	✓	
Sicherheit	✓	✓	✓	✓	✓	

Abbildung 37: Analyse zum Übertragen von PM-Aufgaben

Es gibt vier mögliche Ergebnisse:

a) Ein »Ja« auf alle drei Fragen bedeutet, dass diese Aufgabe jetzt übertragen werden kann. Bevor Sie das jedoch tun, müssen Sie sich vergewissern, dass der Maschinenarbeiter fähig ist, dies zu tun, und es *auch sicher tun kann*. Andere Beteiligte, wie etwa die Produktion, die Instandhaltung, der Bereichsmeister, die Sicherheitsabteilung und manchmal der Betriebsrat (der TPM-Lenkungsausschuss für diesen Bereich), müssen diese Entscheidung abzeichnen.

b) Ein »Ja« auf die ersten beiden Fragen, aber ein »Nein« auf die dritte bedeutet, dass diese Aufgabe übertragen werden kann, jedoch erst nach einer Schulung.

c) Der Maschinenbediener beantwortet die erste Frage mit »Nein«, aus welchem Grund auch immer. Das ist ein Veto, und Sie müssen sich, zumindest zu diesem Zeitpunkt, damit abfinden.

d) Der Instandhalter beantwortet die zweite Frage mit »Nein«. Das ist ebenfalls ein Veto, und Sie müssen die Übertragung zu diesem Zeitpunkt unterlassen.

Sie werden überrascht sein, wie viel Zustimmung und damit zu übertragende Aufgaben Sie erhalten werden. Wenn der Maschinenarbeiter motiviert ist und die Instandhaltung gemerkt hat, dass sie bessere und mehr »Hightech«-Dinge zu tun hat, dann wird es funktionieren. An diesem Punkt müssen Sie erkennen, welche Schulung für Punkt b) benötigt wird, die Schulung erarbeiten und durchführen. Sehr oft wird das Instandhaltungspersonal die Schulung durchführen. Dann muss der Vorgang wie unter a) beschrieben ablaufen, bevor die Aufgabe übertragen wird.

Gelegentlich werden Aufgaben von Maschinenarbeitern durchgeführt, die von der Instandhaltung besser gemacht werden könnten. Die Aufgabenübertragung funktioniert auch in umgekehrter Richtung. Den Teams muss bekannt sein, dass es sich nicht um eine Einbahnstraße handelt, sondern dass der gesunde Menschenverstand das Leitprinzip ist.

Gehen Sie nach ein paar Monaten noch einmal die Punkte durch, die abgelehnt wurden. Die Maschinenbediener sind gewöhnlich mit ihren Aufgaben zufrieden und bereit, noch mehr zu übernehmen. Die Instandhalter haben erkannt, dass die Maschinenarbeiter ihre Arbeit gut machen, und stimmen zu, Aufgaben zu übertragen, bei denen sie vorher nicht so sicher waren. Schließlich werden die Maschinenarbeiter alle Aufgaben vom Typ I erledigen. Selbstverständlich gibt es Aufgaben, die immer von der Instandhaltung gemacht werden, die wichtigen PM-Funktionen vom Typ II.

Sie müssen die Übersicht darüber behalten, wer welche Aufgabe hat, vor allem solange sich die Situation noch ändert. Zu einem bestimmten Zeitpunkt, zum Beispiel am Montagmorgen, übernehmen die Maschinenarbeiter bestimmte Aufgaben. Vergewissern Sie sich, dass nicht nur die Checklisten und Prozeduren verfügbar sind, sondern auch, falls erforderlich, die Werkzeuge und Materialien. Vergessen Sie nicht das Protokoll, das eine Übersicht über die fertiggestellten Aufgaben gibt. Eine fest integrierte Kontrolle ist immer noch da, nämlich die Instandhaltungsmitarbeiter. Die werden es bemerken, wenn die Maschinenarbeiter die PM-Aufgaben nicht richtig oder unvollständig machen.

Es ist unbedingt notwendig, den Maschinenbedienern *eingeplante* Zeit einzuräumen, damit sie ihre PM-Aufgaben fertigstellen. Schätzen Sie deshalb den für die Aufgaben notwendigen Zeitbedarf ab und halten Sie für diese Zeitspanne die Maschinen an. Das wird einem Werksleiter schwerfallen, vor allem wenn die Maschinen in einem perfekten Betriebszustand sind. *Der Grund aber, warum sie in einem perfekten Betriebszustand sind, ist jedoch, dass PM regelmäßig durchgeführt wurde!*

Wenn sorgfältig geplant wurde, wird für PM nur ein paar Minuten am Tag benötigt, und die Produktion gewinnt ein Vielfaches von diesem Betrag durch zusätzliche Laufzeiten dazu. Das ist ein gutes Geschäft, aber einige Produktionsmanager und Meister in der Fertigung müssen wirklich erst davon überzeugt werden!

Der andere Teil des TPM-PM sind die Aktivitäten vom Typ II, die von der Instandhaltung durchgeführt werden. Diese Abteilung ist jetzt, mit weniger routinemäßigen PMs, in einer wesentlich besseren Position, um jene zu planen und zeitlich zu organisieren. Gehen Sie nach der Methode der zehn Schritte vor, die weiter vorne in Kapitel 8 ausführlich beschrieben wurde.

Installation von TPM-AM

Wenn Sie in der Reihenfolge EM-PM vorgegangen sind, dann wird TPM-AM (autonome Instandhaltung) für die Teams ziemlich selbstverständlich folgen. Es gibt zu einem gewissen Grad eine Überschneidung von PM und AM, und manchmal ist die Unterscheidung etwas unscharf. Es gibt jedoch einige spezielle Aufgaben ausschließlich für die autonome Instandhaltung, wie etwa die Anfangsreinigung der Betriebsanlagen und die damit verbundenen Aktionen. Es ist eine mehr Disziplin verlangende Vorgehensweise, die sich auf Sauberkeit, Ordnung, Organisation und Normung stützt. Das kann der Grund für einen Teil des Widerstands sein, der den nichtjapanischen TPM-Installationen nach japanischem Modell begegnet.

TPM-AM	Ablaufplan für die Anfangsreinigung	Anlage							Nr.
Anlagen-komponente	Aktivität	Name		Werk-zeug/Material	Zeitplan		ben. Std.	ausgef.	Anmerkungen
		Bed.	Techn.		Start	Ende			

TPM-Team _____ bearbeitet durch _____ Datum _____

Abbildung 38: Ablaufplan für die Anfangsreinigung

Wenn Ihre Teams sich mit den anderen TPEM-Komponenten befassen (EM und PM), dann sollte die Motivation groß genug sein, um zum TPM-AM überzugehen. Versuchen Sie in der Pilotinstallation, ein oder mehrere Teams direkt mit AM beginnen zu lassen, nur um dessen Durchführbarkeit in Ihrem Betrieb zu testen. Ein freundschaftlicher Wettbewerb mit anderen Teams kann zu unerwarteten Ergebnissen führen.

Abbildung 38 zeigt ein Formular, das als Leitfaden für die Anfangsreinigung von ausgewählten Betriebsanlagen oder Maschinenkomponenten genutzt werden kann. Teams aus Maschinenbedienern und Instandhaltern beginnen damit, die Maschinen gründlich zu säubern. Die Aktivitäten müssen ausgewählt, die Zeit eingeplant und Werkzeug und Material bereitgestellt werden. Da die Maschinen für eine längere Zeit außer Betrieb genommen werden, ist die Planung wichtig.

Viele Überraschungen werden bei der Anfangsreinigung auftreten, wie etwa Schmierstellen, von denen niemand wusste, dass es sie gibt, lockere Verbindungen, Schrauben oder Drähte usw. Für die Maschinenarbeiter ist das ein guter Lernprozess. Da Dutzende, manchmal Hunderte von Problemen oder kleineren Defekten entdeckt werden, muss eine Methode gefunden werden, jene zuerst zu protokollieren und zu sortieren und sich dann damit zu befassen.

An dieser Stelle können Sie die Arbeit wieder in Aktivitäten vom Typ I, die von den Maschinenarbeitern durchgeführt werden können, und Arbeiten vom Typ II, die von der Instandhaltung erledigt werden müssen, unterteilen. Manche Arbeiten können sehr gut von einem Team aus Maschinenarbeitern und Instandhaltungsleuten getan werden, da die Maschinen gewöhnlich stillstehen, wenn die Korrekturen angebracht werden. Benutzen Sie ein Formular, wie es in Abbildung 39 gezeigt wird, um die von der Anfangsreinigung ausgehenden Tätigkeiten zu planen und zeitlich festzulegen.

Wenn die Maschinenbediener erst einmal an einer strahlend sauberen Maschine arbeiten, dann ist ein Anreiz vorhanden, diesen Zustand zu bewahren. Jetzt sollten Verfahren für Reinigungs- und Schmierungstätigkeiten, die von den Maschinenbedienern durchgeführt werden, erarbeitet werden. In diesem Punkt gibt es eine Ähnlichkeit und Überlappung mit TPM-PM. Diese Aufgaben müssen in bestehende oder zukünftige PM-Aufgabenlisten integriert werden. Wie bei PM kann für die Maschinenbediener eine Schulung notwendig sein, bevor sie alle erkannten Aufgaben ausführen können.

Der nächste logische Schritt für die Maschinenbediener ist, ihre Maschinen nach Verschleiß oder anderen Problemen zu überprüfen. Typische Stellen für Inspektionen sind unter anderem: Ölstand, Manometer, Funk-

TPM-AM	Aktionsplan nach der Anfangsreinigung	Anlage									Nr.
Anlagen-komponente	aufgedecktes Problem	erforderliche Aktion	Name		Werk-zeug/Material	Zeitplan		ben. Std.	ausgef.	Anmerkungen	
			Bed.	Techn.		Start	Ende				

TPM-Team _____   bearbeitet durch _____   Datum _____

Abbildung 39: Aktionsplan nach der Anfangsreinigung

tion von beweglichen Teilen wie etwa Hebel und Schalter, hydraulische oder pneumatische Schlauchverbindungen, verschraubte oder andere Verbindungen, Verschleiß von Komponenten, Zustand von Sicherheitsvorkehrungen wie Schutzgitter und Sperrvorrichtungen usw.

Viele dieser Tätigkeiten bedürfen der Schulung, bevor sie selbstständig von den Maschinenbedienern ausgeführt werden können. Stellen Sie die zu schulenden Arbeiten fest, erarbeiten Sie die Schulung und führen Sie sie dann durch. Sehr oft entwickeln die CATS ihre eigene Schulung, und viel Schulungsmaterial kann auf andere Teams übertragen werden. Der TPM-Stab wird das Entwickeln des Materials koordinieren und unterstützen sowie bei der Zeitplanung und Durchführung der Schulung assistieren, vor allem wenn Hilfe von außerhalb beteiligt ist. Eine der möglichen Hilfen von außerhalb sind Instandhalter im Ruhestand.

Abhängig davon, wie sehr sich die Maschinenbediener in die Inspektion vertiefen, kann die Schulung eine lange Zeit in Anspruch nehmen. Es ist jedoch eine hervorragende Investition, da diese Art von Bedieneraktivitäten zu ungemein zuverlässigen Maschinen führt, die mit einer sehr hohen Effektivität arbeiten.

Nehmen Sie zu Beginn dieser Tätigkeiten eine Checkliste, wie sie in Abbildung 40 dargestellt ist, um die Durchführung der Aufgaben zu kontrollieren. Es ist naheliegend, dass der Umfang einer solchen Checkliste mit fortschreitender TPM-AM wachsen wird. Beachten Sie die in der Checkliste enthaltene Feststellung der Qualifikation. Wie in Kapitel 8 diskutiert wurde, sollten Sie den Maschinenbedienern die erreichten Qualifikationen bescheinigen und nur den Arbeitern mit der passenden Qualifikation erlauben, die entsprechenden Tätigkeiten zur Maschineninspektion auszuführen.

Eine weitere Möglichkeit für Maschinenbediener, sich an TPM-AM zu beteiligen, bieten kleine Reparaturen.

Wie das Beispiel in Kapitel 4, der Ersatz einer gesprungenen Scheibe, veranschaulicht, können die Maschinenbediener kleine Reparaturarbeiten übernehmen, die sonst längere Ausfallzeiten verursachen würden. Erstellen Sie in Zusammenarbeit mit den Maschinenbedienern und den Instandhaltern eine Liste von solchen Möglichkeiten. Entscheiden Sie, welche Sie übertragen möchten, und legen Sie die Vorschläge dem TPM-Bereichsausschuss vor. Schulung, Bescheinigung und Aufgabenübertragung müssen erarbeitet und durchgeführt werden.

Die autonome Instandhaltung bietet offensichtlich enorme Möglichkeiten, die Maschinenbediener miteinzubeziehen und Kosten einzusparen. Es ist ein langer und schwieriger Prozess und nur Unternehmen mit einer motivierten Belegschaft und einem hervorragenden TPM-Programm wer-

Anlagencheckliste

TPM-AM

Anlage _____ Nr. _____ W/E _____

Aufgabe	Nr. der Arbeits-anweisung	Qualifikations-stufe	Zeit (min)	Werkzeug/ Material	Mo			Di			Mi			Do			Fr			Sa			So		
					A	B	C	A	B	C	A	B	C	A	B	C	A	B	C	A	B	C	A	B	C
Täglich:																									
Wöchentlich:																									
Monatlich:																									

TPM-Team _____ ausgestellt durch _____ Datum _____

Bestätigung durch: Instandh.: _____ Qualität: _____

Prod.: _____ Sicherheit: _____

Legende: ✓ durchgeführt
✗ nicht anwendbar/ vorgesehen

Abbildung 40: Anlagencheckliste

den in der Lage sein, alle Vorteile daraus zu ziehen. Beginnen Sie in der Pilotinstallation mit diesem Prozess und demonstrieren Sie dem restlichen Betrieb, wie es gemacht werden kann.

Phase III:
Werksweite Installation

Ungefähr drei Monate nach Beginn der Pilotinstallation sollten Sie einen ersten Eindruck haben, was in Ihrem Umfeld möglich ist. Sie haben noch nicht viele Ergebnisse, aber Sie wissen, wie Ihre Belegschaft auf verschiedene Vorgehensweisen reagiert. Mit der Verbesserung der Maschinen durch TPM-EM wurde begonnen, und es könnten schon gute, vielleicht sogar einige spektakuläre Ergebnisse vorliegen. TPM-AM sollte zu sehr sauberen Maschinen geführt haben, auf welche die Maschinenbediener stolz sind. Wie das übrige Werk feststellen kann, ist im Bereich der Pilotinstallation ein Teamgeist und ein gewisses Maß an Erregung spürbar.

Gehen Sie Ihren Gesamtplan noch einmal durch und aktualisieren Sie ihn. Erarbeiten Sie einen detaillierten Installationsplan für die Bereiche, die als Nächstes folgen werden. Beheben Sie Probleme, auf die Sie vielleicht in der Pilotinstallation gestoßen sind, und stimmen Sie den Zeitplan genau ab. Die Methoden und Pläne werden sich von denen für die Pilotinstallation, wie sie gerade besprochen wurden, nicht sehr unterscheiden.

Richten Sie die TPM-Organisation für das restliche Werk ein. Beginnen Sie mit den Bereichsausschüssen und bilden Sie so viele CATS wie möglich. Am Anfang wird es in der Regel nicht so viele Teams geben, wie Sie sich das wünschen, aber mit der Zeit werden es mehr. Es ist besser, wenige, aber motivierte und produktive Teams zu haben als viele Teams, die nicht viel tun. Es wird sich herumsprechen, dass es immer mehr Beispiele von verbesserten und leistungsfähigeren Maschinen gibt.

Setzen Sie in allen Werksbereichen Leistungsziele für die Maschinen fest und fordern Sie die Bereichsleiter auf, TPM zu fördern. Zu diesem Zeitpunkt wissen Sie bereits, auf welche Vorgehensweisen die Belegschaft reagieren wird.

Veröffentlichen Sie die Ergebnisse und dehnen Sie TPM nach Plan weiter auf alle Bereiche des Betriebs aus. Machen Sie sich klar, dass TPM viel Zeit braucht. Weltweit haben die meisten Unternehmen, die eine hervorragende TPM-Installation aufweisen können, mindestens drei Jahre dafür benötigt.

Schulung

Entscheidend für den Erfolg Ihrer TPM-Installation ist die Schulung der Maschinenbediener. Es ist derjenige Teil der Installation, der die meiste Zeit beansprucht. TPM-Manager und -Stab müssen auf diesem Gebiet eine führende Rolle spielen. Der Stab erarbeitet die Schulungsunterlagen und plant die Unterrichtsstunden oder assistiert den Arbeitsgruppen hierbei. Instandhaltungs- und Schulungsabteilung unterstützen den TPM-Stab. Es gibt Weiterbildungsunternehmen, die Kurse auf Videoband oder interaktiven PC-Programmen anbieten, zusätzlich zu Seminaren und dem Selbststudium unter Benutzung von Handbüchern. (SATURN stellt Schulungsmittel für Angestellte zur Verfügung, die dieses Buch lesen.)

Der größte Teil des Unterrichtsplans wird jedoch intern vom TPM-Stab und der Instandhaltung erarbeitet werden. Er muss umfassen:

- Methode
- Arbeitsabläufe
- Werkzeuge
- Material
- Sicherheit
- Skizzen
- Bilder

Es gibt zwei grundsätzliche Arten der Schulung: im Übungsraum und am Arbeitsplatz. Der Übungsraum wird für mehr theoretische Schulung benutzt und wenn eine Tafel, ein Flipchart, Computer oder Videogerät gebraucht wird. Die praktische Schulung direkt am Arbeitsplatz in häufigen, aber kurzen Unterrichtsstunden ist sehr effektiv. Testen Sie aus, welche Kombination der Methoden für Sie die besten Ergebnisse liefert. Die Notwendigkeit einer Zertifizierung bei Erreichen verschiedener Qualifikationsstufen wurde bereits früher diskutiert.

Management der Instandhaltung

Zu Ihrer werksweiten Installation wird voraussichtlich eine Verbesserung des Managements der Instandhaltung gehören. Vor TPM war Ihre Instandhaltung vermutlich in erster Linie mit Feuerwehraktionen beschäftigt, die von Natur aus nicht mit viel Planung und Terminierung verbunden sind. Jetzt aber, mit weniger Ausfällen und routinemäßiger PM-Arbeit, wird für die Instandhaltung die Arbeit aus wichtigen PM-Tätigkeiten, vorausschauender Instandhaltung, Reparaturarbeiten an Maschinen, Verbesserung und Überholung der Betriebsanlagen bestehen, alles Tätigkeiten die geplant und terminiert werden müssen. Deshalb sollte, falls noch nicht vorhanden, eine formale Stelle für die Planung eingerichtet werden.

Auch sollte, falls noch nicht vorhanden, ein computergestütztes Instandhaltungsmanagementsystem (IPS) installiert werden, das auch die von den Maschinenbedienern durchgeführte PM und andere Instandhaltungstätigkeiten unterstützt. Die Strichcode-Technologie, wie in Kapitel 8 diskutiert, sollte bei allen Instandhaltungstätigkeiten Anwendung finden. Zusätzlich ist ein PM-Terminplan über 52 Wochen ein unabdingbares Muss.

Fortschrittsberichte

TPM muss ein datengestütztes System sein. Bedenken Sie, dass Sie Ihre Betriebsanlagen mit TPEM *managen*. Es gibt zahlreiche Kenngrößen, die in der Regel vom TPM-Manager erarbeitet und protokolliert werden.

Zu diesen Kenngrößen gehören:

- Fortschritt in jedem Bereich, verglichen mit dem Plan
- Anzahl der eingerichteten Arbeitsgruppen und der prozentuale Anteil der beteiligten Angestellten
- Anzahl der Schulungsstunden, einschließlich der durchschnittlichen Stundenzahl pro Person
- gegenwärtiger Qualifikationsgrad – je Gruppe und Bereich
- Anzahl der Ausfälle/Versagen und der Trend – je Bereich
- Stillstandsdauer in Stunden und der Trend – je Bereich
- gegenwärtige TEEP, OEE und NEE – je Maschine und Bereich
- gegenwärtige Gesamtkosten für TPM
- gegenwärtiger Gesamtnutzen
- gegenwärtiger ROI (Investitionsrückfluss)
- Verbesserung der Produktivität, die nicht in der Gesamtersparnis enthalten ist
- erreichte Erweiterung der Kapazität
- andere dem Instandhaltungsmanagement zuzuordnende Ergebnisse wie MTBF (durchschnittliche Zeit zwischen Maschinenausfällen), PM-Erfüllungsgrad, Instandhaltungsproduktivität und Auslastung
- andere eventuell vom Management erfragte Faktoren

Anerkennung, Bestärkung, Feiern

Eine erfolgreiche TPM-Installation hängt von der Zustimmung und der positiven Einstellung von jedem, der daran beteiligt ist, ab. Da es sich bei TPM um ein langfristiges Programm handelt, ist es wichtig, diese Zustimmung und Einstellung aufzubauen und zu bewahren, sodass sie schließlich zur Unternehmenskultur gehören.

Es gibt ausgezeichnete, aber oft zu wenig genutzte Mittel, um dies zu erreichen. Anerkennung und positive Bestärkung sollten von dem TPM- und Werksmanagement bewusst und systematisch eingesetzt werden, damit ein hohes Maß an Motivation und positiver Einstellung aufgebaut und bewahrt wird.

Erarbeiten Sie für jedes Team eindeutig definierte *Ziele* oder *Meilensteine*, wie etwa

- Umfang der Schulung (zum Beispiel 50 Stunden pro Jahr) oder Qualifizierung, die erreicht werden soll,
- Anzahl der fertiggestellten Aufgaben (Größenordnung 1.000, Größenordnung 5.000),
- Anzahl der abgeschlossenen Verbesserungsprojekte oder Höhe des erzielten Nutzens,
- ein bestimmtes Maß an erreichter MTBF,
- Erreichen eines bestimmten OEE.

Das Erreichen der Ziele oder Meilensteine muss dann zur Kenntnis genommen und belohnt werden. Hierfür gibt es viele Möglichkeiten, und die meisten sind überhaupt nicht teuer. Dazu gehören u. a.: ein Artikel (mit Fotos) in der Werks- oder Unternehmenszeitung, Überreichen eines Preises oder einer Trophäe an das Team, Einladen des Teams zum gemeinsamen Abendessen in Anwesenheit einer Führungskraft des Unternehmens, Überreichen von Geschenken, wie Jacken, Abzeichen, Taschenmessern usw., an die Mitglieder des Teams. Ein Brief vom Geschäftsführer, voll des Lobes, wird für eine längere Zeit das Team motivieren und stolz am Schwarzen Brett ausgehängt werden, damit ihn jeder sieht.

Und denken Sie daran, dass Worte des Lobes umsonst sind, aber für längere Zeit den Enthusiasmus aufrechterhalten.

Erwägen Sie die Möglichkeit, das Erreichen eines bestimmten OEE-Grads der Maschinen anzuerkennen. Verleihen Sie, wie den Gewinnern bei Olympischen Spielen, Gold-, Silber-, und Bronzemedaillen den *Maschinen*. Kleben Sie ein großes Abziehbild (die Medaille) an die Maschine, gleich neben die Namen der »Besitzer«. Abbildung 41 zeigt eine Auswahl

Preis   **Ergebnisse**

❏ OEE Durchschnitt lag in den letzten
drei Monaten über 85% oder
❏ Halten einer durchschnittlichen Verbesserung von mehr als 50% der OEE
gegenüber dem Anfangswert während
der letzten drei Monate

Goldmedaille

❏ OEE Durchschnitt lag in den letzten
drei Monaten über 75% oder
❏ Halten einer durchschnittlichen Verbesserung von mehr als 40% der OEE
gegenüber dem Anfangswert während
der letzten drei Monate

Silbermedaille

❏ OEE Durchschnitt lag in den letzten
drei Monaten über 65% oder
❏ Halten einer durchschnittlichen Verbesserung von mehr als 30% der OEE
gegenüber dem Anfangswert während
der letzten drei Monate

Bronzemedaille

Abbildung 41: Anerkennung der Anlagenleistung

von möglichen Faktoren, die für diesen Zweck infrage kommen. Natürlich können Sie kleine Duplikate der Medaille herstellen, die sich die Gruppenmitglieder an ihren Firmenausweis heften können, um so ihre Beteiligung an einer ausgezeichneten Maschine zu zeigen. Worin besteht hier der Anreiz, abgesehen von der Anerkennung? Die Maschinenbediener an einer Goldmedaillenmaschine werden sich bemühen, ihr Gold zu behalten, während die anderen Teams versuchen werden, Gold oder irgendein höheres Niveau als bisher zu erreichen. Es wird das Klima eines gesunden Wettbewerbs erzeugt, dass zu einer Bestärkung des Stolzes beiträgt, der so notwendig für eine erfolgreiche TPM-Installation ist.

12

TPM-Installation auf der Überholspur

In vielen Firmen rund um die Welt, speziell in westlichen Industriebetrieben, wird auf das TPM-Projekt erheblicher Druck ausgeübt. Man hat keine Zeit, braucht schnelle Effekte. Dafür gibt es verschiedene Gründe. Oft hat der Fabrikmanager ganz einfach nur eine begrenzte Zeit für diese Aufgabe im Rahmen seiner »Jobrotation«, zum Beispiel dann, wenn er eine Niederlassung im Ausland übernommen hat. Dies gilt ähnlich auch für große Konzerne, wo Managementrotation der Regelfall ist. So müssen die Ergebnisse natürlich während der laufenden »Amtszeit« erreicht werden.

Ein viel wichtigerer Grund hierfür ist, dass die *Notwendigkeit für Anlagenverbesserung* so dringend geworden ist, dass jede Verzögerung oder langsame Gangart nicht hingenommen werden kann. Es gibt Fabriken, welche die Menge der Produkte, die ihre Kundschaft wünscht, nicht produzieren können und sogar Aufträge ablehnen müssen. Oft haben diese Fabriken alte Produktionseinrichtungen und eine geringe OEE.

Ein dritter Grund ist, dass der typische westliche Manager einfach nicht in der Lage ist, die Geduld seines fernöstlichen Gegenspielers aufzubringen. Hier soll nicht versucht werden, das Für und Wider dieses Unterschieds zu diskutieren, aber was bleibt, ist die Tatsache, dass die Forderung nach einer Schnellinstallation von TPM häufig vorkommt.

Ist das denn machbar? Die Antwort ist Ja und Nein. Man kann Ergebnisse sehr schnell erreichen, indem man sich auf spezielle Anlagen und auf deren schnelle Verbesserung durch TPM-EM konzentriert. Abbildung 42 zeigt eine ABC-Analyse von TPM-Aktivitäten, die schnellere Ergebnisse produzieren können. Man hat zu bestimmen, welches die A-Aktivitäten sind, die eine schnelle Amortisierung ermöglichen. Man kann die Machbarkeitsstudie, die TPM-Schulung und die Planung schnell durchführen, indem man diesen Aufgaben mehr Ressourcen zuweist.

Es gibt Experten, die in der Lage sind, eine Art »Turbo-TPM« durchzuführen. Dies ist eine kompakte TPM-Woche, in der das Wichtigste zu TPM in einer kleinen Abteilung eines Werks erarbeitet wird. Gegenstand dieses Kompaktverfahrens ist zunächst die Zusammenstellung eines ausgewählten Teams aus Mitarbeitern des Unternehmens (Manager, Ingenieure, Mitarbeiter von Instandhaltung und Produktion). Dieses Team durchläuft ein Programm von der TPM-Grundschulung bis zu einer kleinen individuellen TPM-Installation in folgenden Phasen:

- Intensive Schulung in TPM und der Machbarkeitsstudie
- Inspektion der Anlagen in einem festgelegten kleineren Pilotbereich
- Durchführung der Machbarkeitsstudie im Pilotbereich einschließlich:

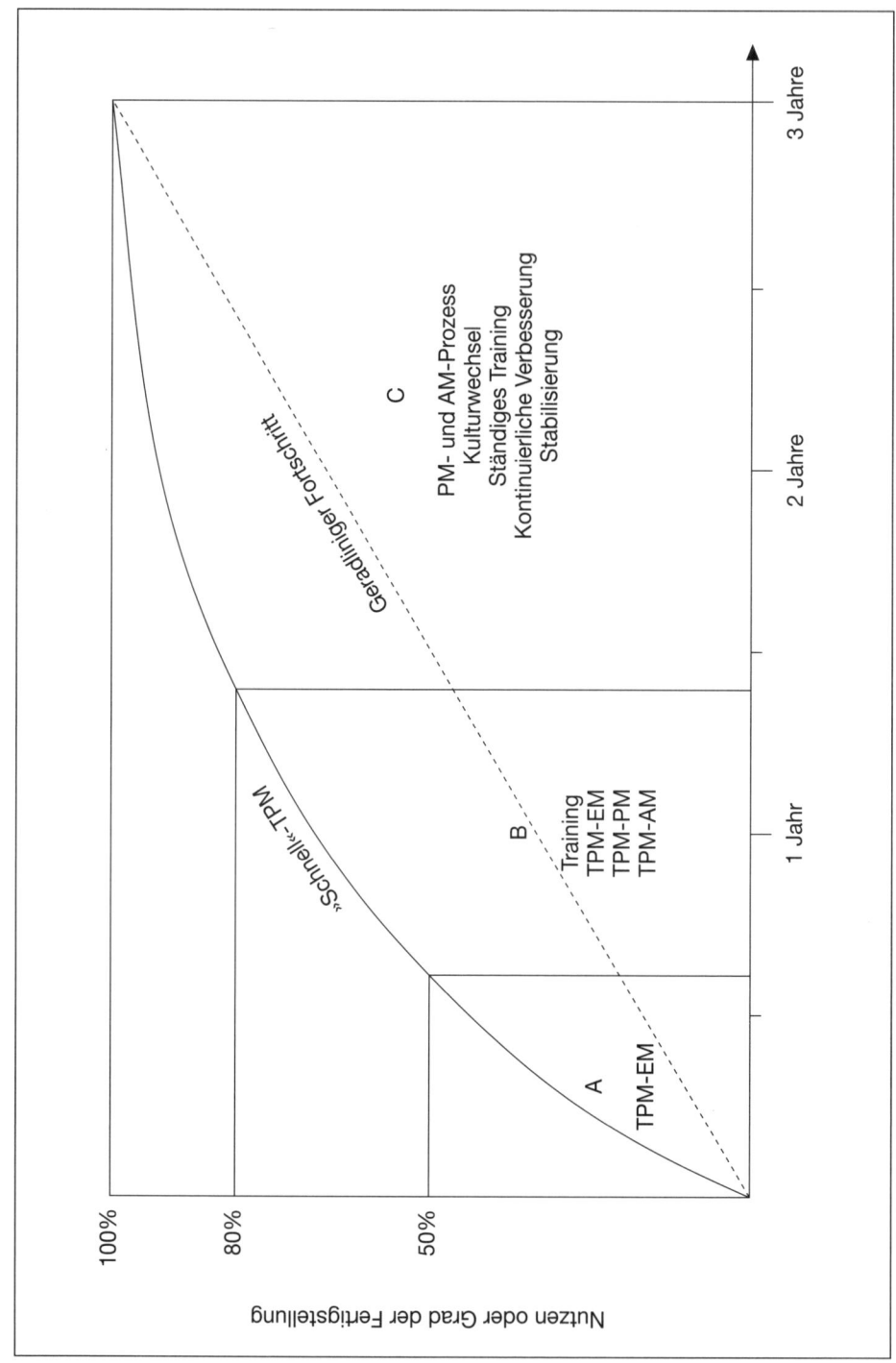

Abbildung 42: ABC-Analyse der TPM-Aktivitäten für die Schnellinstallation

- OEE-Beobachtungen und -Verlustberechnungen für verschiedene Maschinen
- Anlagenzustandsanalyse in Arbeitsgruppen
- Analyse des Vergleichs der vorhandenen Qualifikationen mit den notwendigen
- Analyse der jetzigen Instandhaltung und der zukünftigen
- Festlegung von Typ I- und Typ II-PM-Aufgaben
- Erarbeiten von Tabellen möglicher Aufgabentransfers
- Erarbeitung des benötigten Trainings
- Erarbeiten des Machbarkeitsstudienberichts
- Festlegen der Strategie und der Ziele von TPM
- Erarbeiten eines Plans zur TPM-Installation einschließlich:
  - Terminplan
  - Werbung und TPM-Informationsblätter
- Präsentation gegenüber dem Management
  - Bericht zur Machbarkeitsstudie
  - Plan zur TPM-Pilotinstallation

Somit ist man durchaus in der Lage, eine Schnellinstallation von TPM durchzuführen. Aber wie die Abbildung 42 auch zeigt, ist die Zeit, die erforderlich ist, um TPM ganz zu installieren, ungefähr dieselbe. Man kann eine Kulturänderung nicht erzwingen oder das insgesamt notwendige Schulungsvolumen verringern. Andererseits kann man Prioritäten festlegen, welche die Notwendigkeiten von Anlagen in der ganzen Produktion berücksichtigen. Die 8-Schritte-Methode, die dazu dient, die Prioritäten festzulegen, wurde schon im vorigen Kapitel erörtert. In der Schnellinstallation von TPM wird diese Methode fast immer angewandt.

Man kann allerdings die Machbarkeitsstudie nicht einfach auslassen. Ganz im Gegenteil, gerade die Schnellinstallation *hängt von einer guten Machbarkeitsstudie ab*, da sie die wichtigsten Bedürfnisse bestimmt und die wichtigsten Eingangsdaten für die Planung der TPM-Schnellinstallation liefert. Ebenso kann man die TPM-Informationskampagne und die Schulung nicht einfach weglassen. Sie müssen sogar intensiviert werden, damit eine höhere Bereitwilligkeit für die Schnellinstallation von TPM erreicht wird.

Starke, gut unterstützte TPM-Manager und TPM-Personal sind Schlüsselkomponenten eines solchen Ansatzes. Auch das dynamische, persönliche Engagement der Bereichsmanager ist wichtig. Man kann den TPM-Lenkungsausschuss für einen bestimmten Bereich relativ schnell einrichten, da das Management seine Besetzung selbst definieren kann. Abbildung 43 zeigt ein Beispiel eines Zeitplans der TPM-Schnellinstallation.

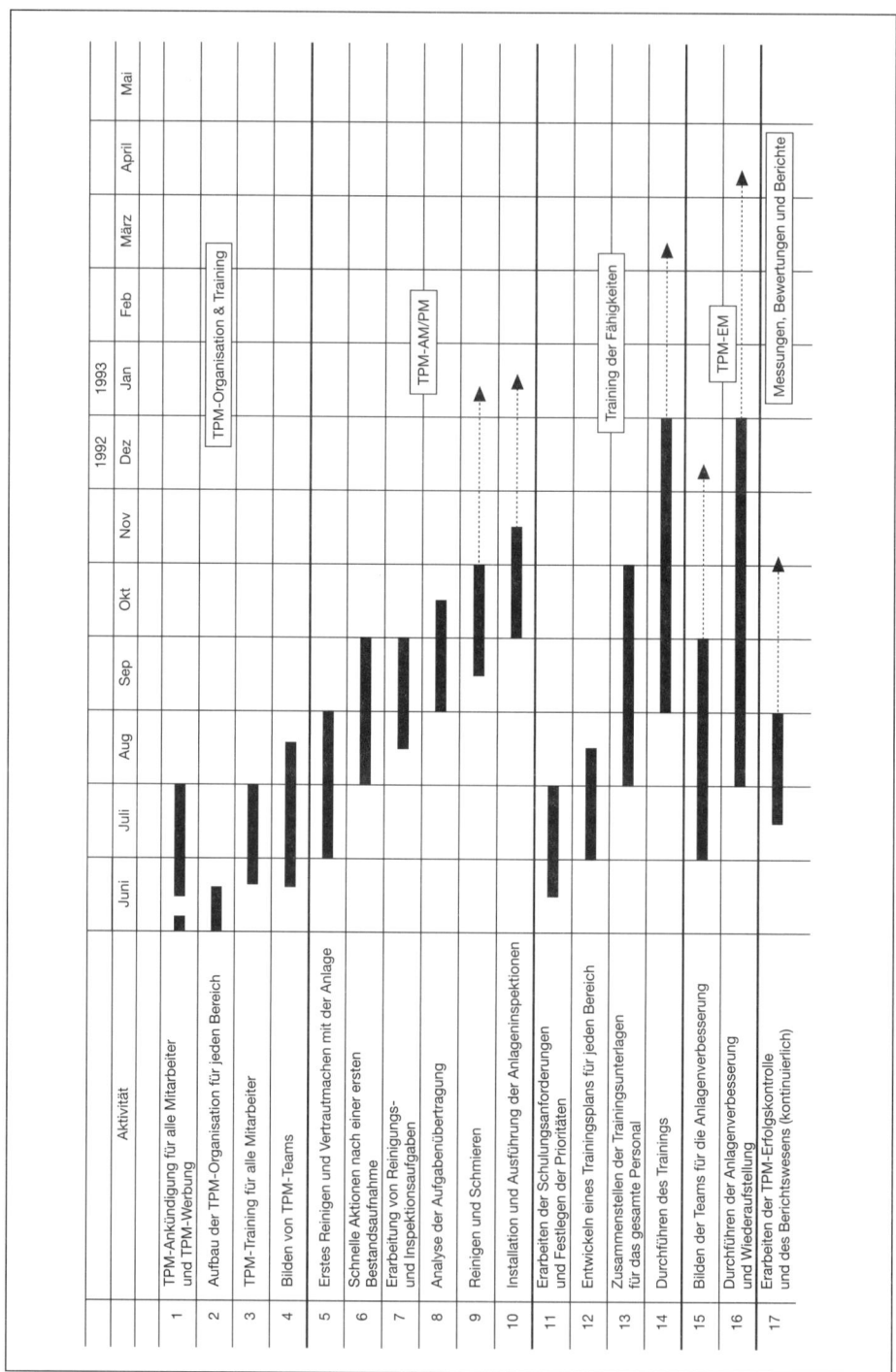

Abbildung 43: Schnellverfahren für die TPM-Installation

Der Ansatz ist der Entwicklung einer TPM-Pilotinstallation ähnlich, da man den Start verschiedener Aktivitäten vieler unterschiedlicher Teams zur selben Zeit vorsieht. Es ist sehr wichtig, sich genau an den Zeitplan zu halten, wenn man die geplanten Ziele wirklich erreichen will.

Die »Zutaten« für jede erfolgreiche TPM-Installation, Schnellverfahren oder nicht, sind:

- Ein Unternehmen, dessen Top-Management sich langfristig für TPM verpflichtet
- Kontinuierliches und offensichtliches Engagement und Unterstützung durch das Management
- Beteiligung und Engagement des Betriebsrats
- Eine gut entwickelte TPM-Personal- und Linienorganisation
- Durchführung einer vollständigen Machbarkeitsstudie
- Entwicklung von guten Installationsplänen
- Entwicklung einer Strategie, die zu Ihrer Umgebung passt, die Ergebnisse für Ihre Anlagen produziert und die durch Ihr Personal unterstützt wird
- Anerkennung von Erfolgen und kontinuierliche Bestärkung

Wenn Sie diesen Prinzipien folgen, dürfen Sie sich einer erfolgreichen TPM-Installation sicher sein.

13

Fallstudien

Fallstudie DaimlerChrysler AG

Diese Fallstudie bezieht sich auf das Produktleistungszentrum Motoren in Stuttgart-Untertürkheim und Bad Cannstatt. Vorab zu sagen ist, dass diese TPM-Einführung eine der größten und erfolgreichsten in Deutschland ist.

Anfänge: Richtigerweise ging eine Phase der Informationssammlung voraus, wobei ein Produktionsleiter, Herr Narten und andere Mitarbeiter der damaligen Mercedes-Benz AG einige TPM-Seminare besuchten und unter anderem dieses Buch studierten. Der Anstoß für den Beginn der TPM-Einführung erfolgte allerdings erst, als Herr Lott, Abteilungsdirektor und Leiter der Mechanischen Fertigung Motoren, selbst das zweitägige TPM-Seminar besuchte und zur Überzeugung gelangte, dass TPM eine richtige und notwendige Methode sei, die Produktivität, Zuverlässigkeit, Sicherheit, Sauberkeit, Instandhaltung und den Zustand der Anlagen in den Motorenwerken nachhaltig zu verbessern. Diese Vision und Überzeugung hat sich hundertprozentig bestätigt.

Beginn: Innerhalb von zwei Wochen nach dem Seminarbesuch von Herrn Lott, am 23. Oktober 1995, hat Herr Hartmann zum ersten Mal die Motorenwerke besucht und den ersten Eindruck über die Anlagen, deren Zustand und die Sauberkeit der Kostenstellen gewonnen. In einem TPM-Vortrag am selben Nachmittag wurde dann TPM 100 Führungskräften, darunter 60 Meister, vorgestellt.

Vorarbeit und Strategie: In einem so großen und traditionsbehafteten Werk kann man aber nicht sofort mit TPM beginnen. Man musste grundlegende und weitsichtige Überlegungen anstellen, wie überhaupt TPM in die bestehende Arbeitspolitik und die Kultur des Unternehmens und des Werkes eingefügt werden kann. Schon in den Jahren 1992/93 ist bei Mercedes die Gruppenarbeit eingeführt worden, die jetzt auch als Basis für TPM dient. Es bestand eine gute KVP-Organisation und es wurde die sehr wichtige strategische Entscheidung gefällt, KVP und TPM in einem heute sehr effektiven »Verbesserungsprozess« zusammenzulegen. Dieser wurde GAB (Ganzheitliche Anlagen-Betreuung) in Anlehnung an TPEM (Total Productive Equipment Management) genannt. Die bestehenden und erfahrenen KVP-Mitarbeiter waren dann auch das Rückgrat für die folgende Machbarkeitsstudie und die Anfänge von TPM. Es wurde eine schriftliche TPM-GAB-Strategie für die Machbarkeitsstudie und die Piloteinführung erstellt, in der alle wichtigen Rahmenbedingungen festgelegt wurden. Alle Mitarbeiter und der Betriebsrat waren über die Planung informiert.

Machbarkeitsstudie: Noch im Dezember 1995 wurde Ulrich Fischer zum TPM-Koordinator ernannt, die Machbarkeitsstudien-Teams wurden trotz hohem Produktionsdruck zusammengestellt und die TPM-Schulung durchgeführt. Die Durchführung der Machbarkeitsstudie dauerte dann im darauffolgenden Jahr die geplanten acht Wochen und resultierte in einer Fülle von Daten, von denen die neuen Verbesserungsteams monatelang profitieren konnten. Es wurde auch ganz klar erkannt, dass die Verluste bei den Anlagen größer waren als angenommen und der Zustand der Anlagen verbesserungswürdig war. Weiterhin wurde festgestellt, dass der Fähigkeitsstand der Mitarbeiter sehr hoch und die Motivation sehr gut war. Als Konsequenz wurde am 6. März 1996 anlässlich der Präsentation der Machbarkeitsstudie die Einführung von TPM (GAB) empfohlen. Diese Empfehlung ist von der Werksleitung angenommen worden.

Piloteinführung: Die Piloteinführung begann in der Motorenteilefertigung und beinhaltete die Kostenstellen Zylinderkurbelgehäuse, Kurbelwelle und Pleuel. Schon im Juni 1996 zeigte sich, dass TPM schnelle Fortschritte machte und bereits messbare Erfolge brachte. Das war auf die großen Anstrengungen bei der Schulung der Mitarbeiter aller Schichten zurückzuführen sowie auf den hohen Fähigkeitsstandard und die gute Motivation, die bereits vorhanden waren. Insbesondere unterstützten der Abteilungsdirektor Herr Lott und der TPM-Koordinator Herr Fischer das TPM-Projekt tatkräftig und konsequent. Die Maßnahmen zur Anlagenverbesserung, die sich aus der Machbarkeitsstudie ergeben haben, wurden abgearbeitet und Reinigungs-, Wartungs- und Inspektionspläne für die Anlagen durch die neuen Verbesserungsteams erstellt.

TPM-Organisation: In der Zwischenzeit wurde natürlich die TPM-Organisation aufgebaut, die speziell in einem großen Werk von hoher Wichtigkeit ist. Auf Centerebene besteht für alle Subcenter des Werkes ein Steuerkreis, der die Gesamtverantwortung trägt, die arbeitspolitischen Entscheidungen fällt, über die Strategie entscheidet und in dem über Fortschritt und Erfolg berichtet wird. Der TPM-Promotor, Herr Lott, steht dem Steuerkreis vor. Er spielte speziell in dieser äußerst erfolgreichen Einführung eine wichtige Rolle und unterstützte durch große Beharrlichkeit und klare Zielvorgaben diesen Erfolg. Auf Subcenterebene, z. B. im V-Motorenwerk in Bad Cannstatt, besteht jeweils ein Kernteam, das vom Subcenterleiter geführt wird. Unter diesen Kernteams gibt es Teams auf Kostenstellenebene, die für die Umsetzung von TPM und KVP verantwortlich sind und die Gruppenarbeit unterstützen. Die wichtigsten Teams in jedem Werk sind die Verbesserungsteams, die aus Mitarbeitern der Produktion

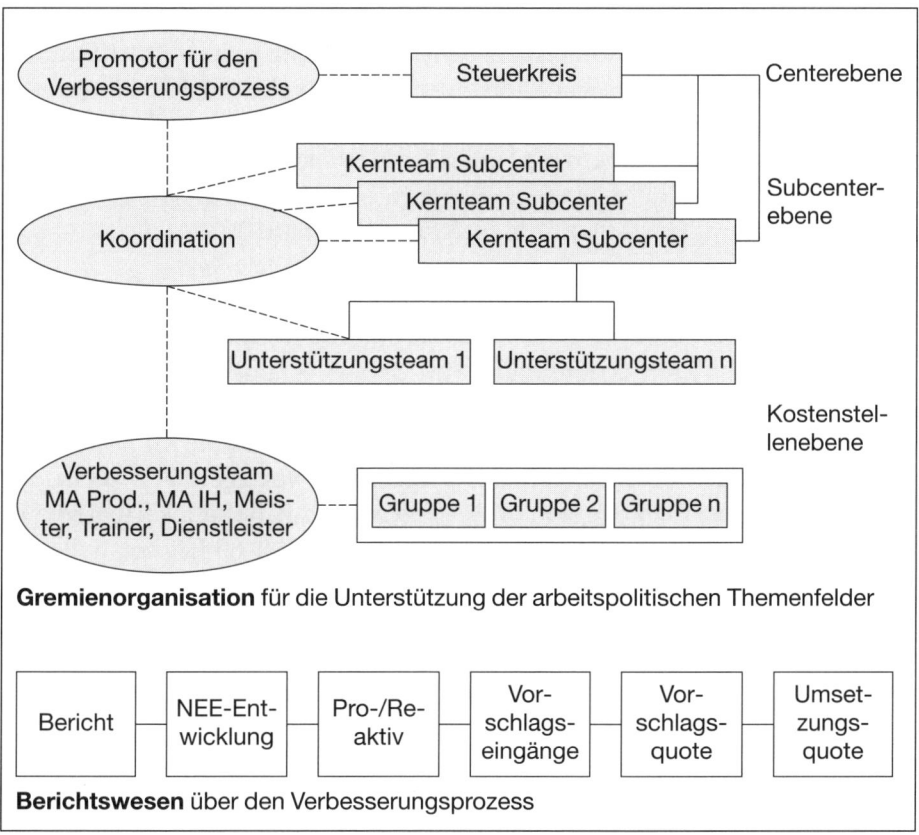

Gremienorganisation für die Unterstützung der arbeitspolitischen Themenfelder

Bericht	NEE-Ent-wicklung	Pro-/Re-aktiv	Vor-schlags-eingänge	Vor-schlags-quote	Umset-zungs-quote

Berichtswesen über den Verbesserungsprozess

und der Instandhaltung, dem Meister und dem Trainer bestehen. Die TPM-Routinearbeiten wie tägliche Reinigung, Wartung usw. werden von den Gruppen in den einzelnen Kostenstellen durchgeführt. Was sich als sehr wichtig und als notwendig gezeigt hat, war die Ernennung eines TPM-»Kostenstellenverantwortlichen«, der im Prinzip die lokale Verantwortung eines TPM-Koordinators übernahm. Es hat sich gezeigt, dass die Kostenstellen, in die ein »Verantwortlicher« vollzeitig abgestellt worden ist, besser und schneller TPM-Erfolge und Fortschritte erreicht haben. Die Verbesserungsteams und die einzelnen Gruppen werden von Trainern geschult und unterstützt. Bei den Mercedes Motorenwerken gibt es 45 Trainer, die eine sehr wichtige Rolle spielen und natürlich TPM bestens kennen und hoch motiviert sind. Diese Trainer erhalten eine intensive Ausbildung für ihre Aufgabe.

Die tatsächliche Umsetzung von TPM, die Entwicklung der Strategie und der maßgeschneiderten Methoden und Vorgehensweisen, die Erstellung von Einführungsplänen, das Controlling, die Schulung und die Koordination der Trainer, die Unterstützung der Teams, die Motivierungsarbeit, die Erstellung von Standards, die Berichterstattung und die eigentliche tägliche Verantwortung für TPM liegt natürlich beim TPM-Koodinator. Diese wichtige und verantwortungsvolle Aufgabe wird in Untertürkheim hervorragend durch Herrn Fischer erledigt, der in der Zwischenzeit zum TPM-Experten innerhalb von DaimlerChrysler geworden ist. Es wurde ebenfalls ein TPM-Stab aus Trainern gebildet, der Herrn Fischer bei der Durchführung der genannten Aufgaben unterstützt.

TPM-Erweiterung: Schon vor September 1996 wurden Pläne für die flächendeckende Einführung erstellt, bereits unter Berücksichtigung der neuen geplanten Produktionsstätten für die »A-Klasse« und »V-Klasse«-Motoren. Eine große Herausforderung war, Wartungspläne für Maschinen zu erstellen, die noch gar nicht in Betrieb waren und für die oft noch keine Unterlagen oder Anweisungen des Herstellers vorlagen. Als dann das neue Reihenmotorenwerk seinen Betrieb aufnahm, lief alles wie geplant. In der Zwischenzeit ist TPM planmäßig in allen über 60 Kostenstellen, in denen durchschnittlich 100 Mitarbeiter tätig sind, eingeführt worden.

Im Zusammenhang mit dem Fortschritt bei Mercedes ist eine interessante Bemerkung zu machen: Im Frühjahr 1997 wurde die jährliche »TPM-Konferenz« in Stuttgart durchgeführt, wobei jeweils ein interessantes TPM-Werk von den Teilnehmern besucht wird. Bei Besuchen des Mercedes-Werkes in Stuttgart konnte man die Kostenstellen besichtigen, bei denen im Frühjahr 1996 mit TPM begonnen wurde. Das dort Erreichte übertraf alle Erwartungen der TPM-Fachleute.

TPM-Audits: Eine Methode zur Qualitäts- und Fortschrittskontrolle von TPM sind die Audits, die im Produktleistungszentrum Motoren konsequent durchgeführt werden. Das Audit der Stufe 1 prüft die Qualität und die Vollständigkeit der TPM-Einführung. Das Audit der Stufe 2 bewertet den TPM-Fortschritt und die erreichten Resultate und ist der letzte Schritt vor der TPM-Zertifizierung. Alle 60 Kostenstellen haben bis Ende 2000 die Audits der Stufen 1 und 2 bestanden. Diese Audits haben eine zusätzliche Wirkung auf die Motivation und Beschleunigung der Aktivitäten in den noch nicht auditierten Kostenstellen!

TPM-Zertifizierung: Der letzte Schritt und das Ziel für eine Kostenstelle ist die Zertifizierung, die nach sehr strengen »World-class«-Standards vom International TPM Institute, Inc., durchgeführt wird. Eine zertifizierte Kostenstelle hat alle Ziele von TPM erreicht. Zuverlässigkeit, Verfügbarkeit und Produktivität sowie die Sauberkeit und der Zustand aller Anlagen sind Weltklasse. Die Instandhaltung ist zum weit überwiegenden

Teil proaktiv, und die Instandhaltungskosten sind geringer als vor der TPM-Einführung. Die erhöhte Sicherheit und Produktqualität muss nachgewiesen werden und ein guter ROI (Investitionsrückfluss) belegt sein. Bis heute haben die meisten Kostenstellen die Zertifizierung mit glänzenden Resultaten bestanden, und die Planung sieht vor, dass bis 2001 alle über 60 Kostenstellen zertifiziert sind. Der durchschnittliche ROI beträgt mindestens 200 bis 300 Prozent, d. h., dass jeder Euro, der in TPM investiert worden ist, sich zwei bis drei Mal ausgezahlt hat.

Fallstudie Dunlop GmbH

Dunlop hat, was deutsche Reifenwerke anbelangt, relativ spät mit TPM begonnen, hat aber die Konkurrenz bereits eingeholt oder sogar überholt. Es ist ebenfalls interessant, dass zwei der vier Werke in Ostdeutschland sind (Pneumant) und dass die TPM-Einführungen dort mindestens so erfolgreich sind wie im Westen, wenn nicht mehr. Gründe für den guten und schnellen Fortschritt bei Dunlop sind sehr große Unterstützung des Topmanagements und ein hervorragender TPM-Konzernbeauftrager, der jetzt allerdings im Ruhestand ist.

Anfänge: Mitte März 1997 fand in Lahnstein eine REFA-Gummiausschusstagung statt, wobei Herr Jedlitschka, Leiter Total Quality Management, sich so vom Nutzen von TPM überzeugen ließ, dass er Herrn Hartmann zu einer TPM-Management-Präsentation ins Werk Hanau einlud. Bevor diese Präsentation stattfinden konnte, kam Herr B. Trauth, der mit Hartmanns Beratung bei Conti vertraut war, als Produktionsleiter für alle vier Reifenwerke zu Dunlop. Er arrangierte prompt, dass auch die Leiter der Werke Riesa, Fürstenwalde und Wittlich an dieser TPM-Präsentation teilnehmen konnten. Bei dieser Sitzung, die dann am 31. Oktober 1997 stattfand, wurde beschlossen, dass TPM in allen vier Werken im Prinzip gleichzeitig eingeführt wird.

Beginn: Zwischen Februar und Mai 1998 fand in allen vier Werken die zweitägige TPM-Schulung statt, die zum Beispiel in Hanau von 88 Mitarbeitern besucht wurde. Diesen Kursen folgten jeweils gleich am nächsten Tag die Machbarkeitsstudien-Schulung für die Ausführenden der Machbarkeitsstudie – im Schnitt 24 Mitarbeiter.

Machbarkeitsstudie: Daran anschließend (typischerweise am folgenden Montag) begann die Durchführung der Machbarkeitsstudie in allen Werken. Die Organisation der normalerweise vier Teams pro Werk war wie folgt: Jedes Team hatte einen Teamleader, der dem Werks-TPM-Koordinator berichtete. Alle Mitglieder der Teams führten die OEE- und AZA (Anlagenzustands)-Analysen durch. Die Daten gingen täglich direkt in den PC des Koordinators. Aus den Teilnehmern der Teams wurden vier Ausschüsse gebildet, welche die folgenden Aufgaben (auf das ganze Werk bezogen) hatten:

1. Fähigkeitsausschuss
   – Ermittlung der bestehenden Fähigkeiten
   – Ermittlung der benötigten Fähigkeiten
   – Vorläufige Bestimmung des Schulungsbedarfs

2. Ausschuss Instandhaltung
   – Ermittlung der heutigen Art und Menge durchgeführter IH
   – Instandhaltungsanalyse
   – Erarbeitung der zukünftig notwendigen IH
   – Δ muss durch TPM wettgemacht werden

3. Ausschuss Sauberkeit und Ordnung
   – Erfassung der heutigen Sauberkeit und Ordnung im Werk
   – Dokumentation durch Fotos
   – Zielsetzung und Maßnahmenkatalog (Reinigung usw.)

4. Kulturausschuss
   – Entwicklung eines Fragebogens
   – Heutige Werkskultur (Motivation/Kommunikation/Gruppenarbeit etc.)
   – Erstellung einer Vision und Erarbeitung von Vorschlägen

5. ROI-Schätzung
   – durch Führungskräfte unter Teilnahme der Finanzabteilung

Nach normalerweise acht Wochen wurden mustergültige (meistens mehrfarbige und über 100 Seiten lange) Machbarkeitsstudien-Berichte vorgelegt und bei einer Präsentation dem Management vorgetragen. Bei diesen Vorträgen wurde die Notwendigkeit und der Nutzen (einschließlich geschätzter ROI) von TPM ganz klar demonstriert. Ein sehr wichtiger Teil dieser Präsentationen war die Vorstellung der TPM-Piloteinführungspläne, die vom jeweiligen Abteilungsleiter selbst vorgetragen wurden, nicht vom TPM-Team! Die Durchführung der Machbarkeitsstudien (wie auch die folgenden TPM-Einführungen) wurden professionell unterstützt durch

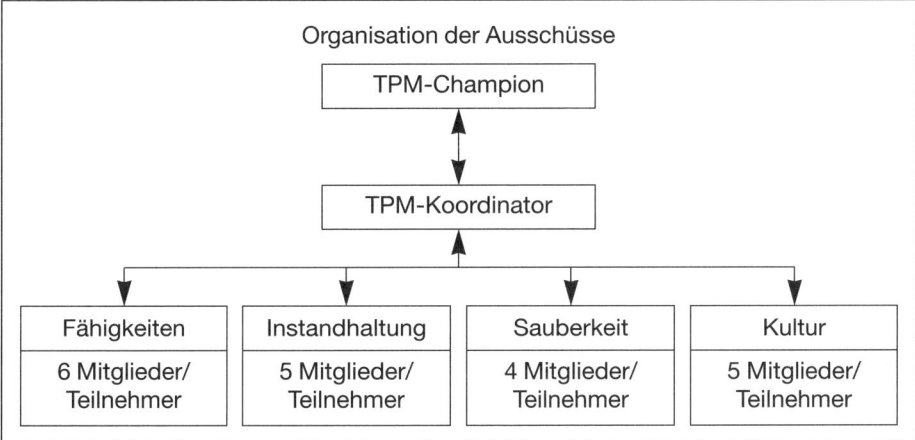

die Berater Eric Hoffmann und Theo Carbon vom International TPM Institute, Inc.

Eine interessante Bemerkung ist hier zu machen: Für die Präsentation in Hanau wurde der Vorstandsvorsitzende, Generaldirektor Robert Schäfer, zur Teilnahme eingeladen, die er auch wahrgenommen hat. Er war von TPM und der Präsentation so beeindruckt, dass er spontan das Wort ergriff und seine starke Unterstützung von TPM kundgetan hat. Anschließend ließ er es sich nicht nehmen, auch bei den Präsentationen in den folgenden Werken dabei zu sein. Das hat die Motivation der Mitarbeiter und die Unterstützung von TPM durch das gesamte Management gefördert.

Ein weiterer positiver Einfluss war, dass sich die Betriebsräte in allen (speziell aber in den ostdeutschen) Werken hinter TPM gestellt und proaktiv mitgewirkt haben. So waren alle Voraussetzungen gegeben für eine zügige und gute (weil auf gute Daten gestützte) TPM-Einführung.

TPM-Einführung: Zwischen Mai und Juli 1998 begannen die Piloteinführungen in den Werken mit jeweils sechs Maschinen verschiedener Art. Nach schnellen Erfolgen und guter Akzeptanz von TPM in den Pilotbereichen wurden straffe Terminpläne für die Einführung in den restlichen Kostenstellen der Werke gemacht. Durch regelmäßige Beraterbesuche, gute Unterstützung durch das Topmanagement und die Werksleitungen sowie durch Audits (Stufe 1 Einführungsaudit; Stufe 2 Fortschrittsaudit) wurde ein hohes Tempo beibehalten. Ein besonderes Lob verdienen hier die vier TPM-Koordinatoren, die unermüdlich und mit großem Pflichtbewusstsein TPM vorangetrieben und die Teams tatkräftig unterstützt haben. Den größten Verdienst an diesem schnellen Fortschritt und den guten Resultaten hat allerdings Heinz Jedlitschka, der TPM-Konzernbeauftragte, der es glänzend und mit viel Humor geschafft hat, die Wünsche und

Zielsetzungen der Konzernleitung in den Werken umzusetzen und durch gute und transparente Berichterstattung den Fortschritt zu belegen, aber auch einen gesunden Wettbewerb zwischen den Werken zu kreieren.

TPM-Resultate (Stand März 2000): Bis zum März 2000 wurden in Fürstenwalde 99 Prozent, in Riesa 94 Prozent, in Wittlich 83 Prozent und in Hanau 55 Prozent der Maschinen in TPM einbezogen. Nach Anzahl der Maschinen führt allerdings Hanau, da es das größte Werk mit der höchsten Anzahl von Anlagen ist. Dieser hohe Durchdringungsgrad wurde in weniger als zwei Jahren erreicht.

Die Verbesserung der Anlagenproduktivität ist noch beeindruckender. Die Verbesserungen der OEE (Overall Equipment Effectiveness) in den einzelnen Werken sind wie folgt: Hanau 15,8 Prozent, Wittlich 16,3 Prozent, Riesa 36,6 Prozent und in Fürstenwalde sage und schreibe 43,2 Prozent, obwohl viele Anlagen in den ostdeutschen Werken neueren Datums sind. Das beweist wiederum einmal mehr, dass das Alter einer Maschine nicht immer ausschlaggebend ist für die erreichte Effektivität. Diese Verbesserungen wurden prinzipiell durch drei Maßnahmen erreicht: 1. Anlagenverbesserung (TPM-EM) basierend auf den Daten (OEE-Verluste, AZA-Analyse, FISH-Blätter) der Machbarkeitsstudie; 2. Verbesserung der Instandhaltung (TPM-PM) durch TPM-Wartungspläne und verstärkte Bemühungen der IH; 3. Verbesserung der Logistik, da während der Machbarkeitsstudie teilweise hohe Wartezeiten bei den Maschinen ausgewiesen werden konnten.

Beispiele, wie durch gute Anwendung von TPM die Zeit der notwendigen Maschinenstillstände für geplante IH verkürzt und dadurch der Ausstoß (Produktivität) verbessert werden kann, sind folgende: Die Halbierung der Zeit bei den Krupp-Reifenbaumaschinen ergab eine jährliche Mehrkapazität von 3.000 Reifen. Bei Anlagen eines anderen Herstellers ergab sich eine jährliche Mehrkapazität von 7.600 Reifen. Bei zwei Mischanlagen ist die Produktivität um 1.200 Tonnen pro Jahr gestiegen. Es ist klar, dass dadurch auch schnell ein finanzieller Nutzen von TPM ermöglicht worden ist.

ROI: Die Zahlen für das erste Quartal 2000 sind wie folgt: Aufwendungen für TPM (alle Werke): über 175.000 Euro; nachgewiesener Nutzen von TPM: (Produktivitätssteigerung und Kostensenkung) über 350.000 Euro; ROI: über 200 Prozent. Das sind erstaunliche Zahlen, wenn man bedenkt, dass Dunlop hochgerechnet jährlich ca. 750.000 Euro für TPM investiert, aber mit einem jährlichen Nutzen von ca. 1,5 Millionen Euro rechnen kann. Was ebenfalls erstaunlich ist: Dieses Niveau ist bereits nach zwei Jahren der TPM-Anwendung erreicht worden. Für die nächsten Jahre wird ein noch höherer ROI erwartet, da die Kosten für Schulung und Anlagen-verbesserung nicht mehr im selben Ausmaße zu Buche schlagen.

Das heißt, dass eine Firma bereit sein muss, beträchtliche Investitionen für TPM zu tätigen, Durchstehvermögen haben muss und klare Ziele (auch und insbesondere finanzielle) setzen sowie die personellen Ressour-cen zur Verfügung stellen muss. Berthram Trauth, der den maßgeblichen Anteil des Erfolges bei Dunlop in Anspruch nehmen kann, hat durch seine Persönlichkeit, Führung und klare Zielsetzung ein nachahmenswertes Beispiel für andere Firmen gesetzt.

Fallstudie Kiekert AG

Kiekert stellt Schließsysteme für fast alle Automarken der Welt nicht nur in den drei Werken im Düsseldorfer Raum, sondern auch in Mexiko, den USA und anderen Ländern her. Die momentane Jahresproduktion in Deutschland ist ca. 50 Millionen Schließsysteme.

In Sachen TPM zeichnet sich die Kiekert AG durch Folgendes aus:

- Sie ist eine der ersten deutschen Firmen, die TPM nach dem »westli-chen« Prinzip erfolgreich eingeführt hat.
- Sie hat den »TPM-Award« in drei Werken in Rekordzeit (weniger als drei Jahre) erreicht.
- Der ROI (Investitionsrückfluss) von über 600 Prozent ist einer der besten weltweit.

Anfänge: Nachdem der Instandhaltungsleiter im Februar 1995 ein TPM-Seminar in Düsseldorf besucht hatte, konnte er die Werksleitung überzeu-gen, sich mit TPM näher zu befassen. Und so fanden die ersten Gespräche und eine Management-Präsentation im Juni/Juli 1995 statt. In den folgen-den Wochen wurde dann die Entscheidung gefällt, TPM gleichzeitig in allen drei Werken (Heiligenhaus, Velbert und Düsseldorf) einzuführen. Diese Entscheidung ist dadurch erleichtert worden, da schon ganz erfolg-reiche TPM-Ansätze im Werk Düsseldorf getätigt worden sind und die Firma, wie alle Automobilzulieferer, unter großem Fertigungs- und Kos-tendruck stand. Ebenfalls hat es sich als sehr positiv erwiesen, dass der Leiter Maschinen- und Anlagentechnik sich sofort und kraftvoll hinter TPM gestellt hat und dann auch als TPM-Manager die technische und organisatorische Leitung der so erfolgreichen TPM-Einführung übernom-men hat. Der Instandhaltungsleiter wurde als TPM-Koordinator ernannt, was keine typische Lösung war, da im »Normalfall« diese Person nicht auch der TPM-Koordinator ist. In diesem Fall war es die absolut richtige

Lösung, weil Persönlichkeit, Ausdauer, Durchsetzungsvermögen und TPM-Überzeugung die wichtigsten Eigenschaften eines TPM-Koordinators sind. Allerdings hat er heute, nach erfolgreicher Einführung, seine TPM-Funktion abgegeben, um sich neuen Aufgaben, wie Werkserweiterungen und Unterstützung neuer Werke, widmen zu können.

Beginn: Die erste TPM-Schulung und die darauffolgenden zwei Machbarkeitsstudien-Schulungen für über 40 Mitarbeiter, durchgeführt von Herrn Edward Hartmann vom International TPM Institute, Inc., fanden Ende Oktober/Anfang November 1995 statt. Dieses Datum darf somit als der Start von TPM bei Kiekert betrachtet werden. Es hat kein »Kick-off« nach japanischem Stil stattgefunden, sondern man hat einfach ernsthaft mit der Einführung von TPM begonnen.

Machbarkeitsstudie: Gleich anschließend an die Schulung begann die Durchführung der Machbarkeitsstudie in allen drei Werken mit dem Ziel, vor Weihnachten damit fertig zu sein, was auch am 20. Dezember mit der Präsentation der Machbarkeitsstudie erreicht worden ist. Folgende Daten (für alle drei Werke) wurden präsentiert:

- OEE (Anlageneffektivität) für alle wichtigen Maschinen
- Paretoanalyse der Verluste (mit Erläuterungen)
- AZA (Anlagenzustandsanalyse) für alle wichtigen Maschinen
- Instandhaltungsanalyse (Ist und Soll)
- Fähigkeitsanalyse (mit Erläuterung der notwendigen Schulung)
- Analyse der Ordnung und Sauberkeit im Werk
- Analyse der Werkskultur (einschließlich der bestehenden Gruppenarbeit)

An dieser Stelle ist zu betonen, dass der Betriebsrat seit Beginn der TPM-Schulung und ebenfalls bei der Durchführung der Machbarkeitsstudie aktiv mitgewirkt hat und damit seinen Einfluss auf die kommende TPM-Einführung wahrgenommen hat. Diese positive Einstellung hat zu diesem TPM-Erfolg beträchtlich beigetragen.

Ein wichtiger Teil der Machbarkeitsstudien-Präsentation war die Vorstellung eines gut ausgearbeiteten TPM-Piloteinführungsplans für alle Werke. Es ist selbstredend, dass die Einführung von TPM von allen Machbarkeitsstudien-Teams empfohlen worden ist und dass auch die Werksleitung diese Empfehlung gerne akzeptiert hat.

Piloteinführung: Mit dem Jahr 1996 begann dann die Einführung von TPM in den ausgewählten Kostenstellen in allen drei Werken. Aufgrund der guten vorhandenen Daten aus der Machbarkeitsstudie wurden die Anlagen planmäßig verbessert, und die TPM-Teams begannen, die Wartungs-, Reinigungs- und Schmierlisten für ihre Anlagen herzustellen und dann auch abzuarbeiten.

Besonders schnelle Fortschritte wurden im Werk Düsseldorf erreicht, wo bereits im Juli 1996 die Abschlussergebnisse des Pilotprojekts vorgelegt worden sind. Die sehr gut vorbereiteten Unterlagen, die später als »Best Practice« von den zwei anderen Werken übernommen wurden, gliederten sich in folgende Abschnitte:

1. TPM-Organisation im Werk Düsseldorf
2. Sitzungsplan der TPM-Teams mit Protokollen
3. Layout Produktion mit TPM-Bereichen markiert
4. AZA (Anlagenzustandsanalyse)-Blätter
   - Stand bei Machbarkeitsstudie
   - heute
   - Verbesserungsgrad (in Prozent)
5. Ergebnisse der Anlagenverbesserung (TPM-EM)
   - Zuverlässigkeit
   - Fähigkeit
   - Verfügbarkeit
   - Bedienungskomfort
   - Sicherheit
   - Wartungsfreundlichkeit
6. Maßnahmenkatalog (PUM = Problem/Ursache/Maßnahme-Blätter)
   - für alle Pilotprojekt-Anlagen
   - Prioritäten
   - Verantwortung
   - geschätzte Kosten
   - Endtermine
   - Fortschrittskontrolle
7. Grafische Darstellung des Abarbeitungsgrades im Vergleich zum Terminplan
8. Fähigkeitsanalyse
   - erforderliche Fähigkeiten
   - verfügbare Fähigkeiten
   - Schulungsbedarf (nach Mitarbeiter)
9. Durchgeführte Schulung nach Priorität
   - intern, mit Beleg

- »One Point Lessons«
- extern, mit Zertifikat

10. Instandhaltungsanalyse (Ist-Soll)
11. Grafische Darstellung TPM-PM-Fortschritt:
    - Ausweitung der Wartungsarbeiten
    - Verschiebung der Verantwortlichkeit auf Maschinenbediener
    - neue Wartungspläne
    - Durchführungsgrad
    - SAP-Verknüpfung
12. OEE-Aufnahmen Einzelmaschinen mit Paretoanalyse der Verluste
    - Machbarkeitsstudie
    - heutiger Stand
    - Verbesserung (in Prozent)
13. OEE-Gesamtlinie mit Verbesserung (in Prozent)
14. Maßnahmenkatalog (PUM) zur Abstellung der aus der OEE-Analyse gefundenen Mikrostörungen mit Abarbeitungsgrad
15. Stand Ordnung und Sauberkeit (ganzes Werk)
    - SOS-Audits
    - Reinigungslisten
    - Fotos vorher und heute
16. TPM-Schulungen
    - Pilotprojektbereich
    - Instandhaltung
    - Meister, Vorarbeiter, Gruppenführer
    - Umfeld/Angestelltenbereiche
17. FISH-Blätter (gesamtes Werk)
    - Medium zur Vermeidung von Wiederholungsfehlern
    - PUM-Maßnahmen (Instandsetzung und Anlagenverbesserung)
    - Reduzierung der Ausfälle
    - Mitwirkung der Maschinenbediener
18. TPM-Werbung und -Information
    - TPM (Anschlagtafel) »Activity-Boards«
    - Einführungsplan
    - »WIR«-Karte (Wartung-Inspektion-Reinigung) mit 10 TPM-Grundsätzen
    - Laufschrift im Werk
    - TPM-Ansprechpersonen mit Telefonnummern
19. Kosten-Nutzen-Rechnung
    - angefallene TPM-Kosten
    - errechneter Nutzen
    - ROI (Investitionsrückfluss)

20. TPM-Gesamtplan
    – Terminpläne für die Einführung im gesamten Werk
    – TPM-Organisation
    – Berichtswesen
    – Audits
    – Zertifizierungen

TPM-Erweiterung: Aufgrund der schnellen und glänzenden Resultate in den Pilotbereichen wurden ehrgeizige Einführungspläne für alle drei Werke erstellt. Die positive Einstellung des Betriebsrates und der Mitarbeiter hat es ermöglicht, ein schnelles Tempo einzuschlagen. Ebenfalls ist zu erwähnen, dass (im Vergleich zu anderen Firmen) der Zustand und die Verfügbarkeit der Anlagen, die Sauberkeit im Werk und die Qualität der Instandhaltung schon vor TPM recht gut waren.

Die zweite Hälfte 1996, das ganze Jahr 1997 und die erste Hälfte 1998 standen unter voller Konzentration auf die Einführung und Umsetzung von TPM in allen Kostenstellen. Das war nur möglich mit der vollen Unterstützung, klaren Zielvorgaben und Ansporn durch den Produktionsleiter, der einen maßgeblichen Anteil an diesem TPM-Erfolg hat. Durch regelmäßige Audits durch das International TPM Institute, Inc., wurden die Qualität und der Fortschritt der TPM-Einführung sichergestellt. Ein weiteres TPM-Seminar wurde durch Herrn Hartmann durchgeführt, damit alle (einschließlich neue) Teamleiter TPM richtig verstehen und somit die Einführung aktiv unterstützen konnten.

Die meisten Kostenstellen haben gegen Ende 1997 und Anfang 1998 die TPM-Einführung erfolgreich beendet und konnten somit zertifiziert werden. Das Licht am Ende des Tunnels war in Sicht!

TPM-Award: Am 3. Juli 1998 hat die Firma Kiekert AG den »TPM-Award« für alle drei deutschen Werke durch das International TPM Institute, Inc., verliehen bekommen und damit belegt, dass:

1. TPM voll eingeführt ist und zum »Selbstläufer« geworden ist,
2. alle »Weltklasse«-Ziele von TPM erreicht worden sind.

In seinem Referat »Wie straffe Planung und gute Managementunterstützung schnelle TPM-Resultate mit hohem ROI erbringen« hat der Leiter Maschinen- und Anlagentechnik den Teilnehmern anlässlich der 3. Internationalen TPM-Konferenz am 29. September 1998 in Homburg darlegen können, dass die Kiekert AG

- die schnellste erfolgreiche TPM Einführung (21/2 Jahre) in Deutschland geschafft hat,
- einen einmaligen ROI von über 600 Prozent erreicht hat.

In diesem Jahr wird die Einführung von TPM im neuen Werk, Keykert USA, beginnen.

INTERNATIONAL TPM INSTITUTE, INC.

North America	South America	Europe	Asia/Pacific
Pittsburgh/USA	Santiago/Chile	Zürich/Switzerland	Singapore

TPM AWARD

Die Firma
Kiekert AG. Heiligenhaus
hat TPM in allen deutschen Werken (Heiligenhaus, Velbert und Düsseldorf)
mit Erfolg eingeführt

3. Juli 1998

Präsident, Int'l. TPM Institute, Inc.

Fallstudie KM Europa Metal AG (KME)

»70 Prozent Produktivitätssteigerung«, verkündete Thomas Weick, Werksleiter von KME, Werk Menden, mit Stolz anlässlich der 10. TPM-Konferenz in Gelsenkirchen im November 2005. Das ist rekordverdächtig; das TPM Institut kennt keine andere Einführung mit besseren Resultaten. Um diesen Erfolg zu erreichen, musste alles stimmen. Laut Weick waren das

- Rückendeckung durch das Topmanagement,
- intensive Begleitung und Auditierung durch den Berater,
- ein engagierter freigestellter TPM Manager,
- aktive Mitarbeit des gesamten Managements,
- volle Einbeziehung und Unterstützung des Betriebsrats,
- engagierte Teamleiter,

- regelmäßige Teamsitzungen,
- möglichst schnelle Umsetzung der Ideen,
- Unterstützung durch die IT-Abteilung,
- involvierter Lenkungsausschuss und
- regelmäßige Präsentationen an das Topmanagement (Vorstand).

KME Menden ist das einzige Werk, an dessen Eingang eine 2 mal 3 Meter große und nachts beleuchtete Tafel mit folgender Grundsatzerklärung hängt:

Grundsatzerklärung zu TPM

»Das Industrierohrwerk Menden der KME AG führt TPM durch. Es handelt sich dabei nicht um ein Projekt, sondern vielmehr um eine Firmenphilosophie. Sicherheit, Produktivität und Lebensdauer unserer Betriebsanlagen werden durch methodische Prozesse ganzheitlich und dauerhaft verbessert. Wir eliminieren die Verluste in den Produktionsabläufen und optimieren die Instandhaltung unserer Anlagen. Wir erhalten verbesserte Produktqualität, erhöhen die Produktivität und senken die Kosten. Das Ziel von TPM ist die Steigerung unserer Wettbewerbsfähigkeit durch dauerhaft erbrachte Weltklasseleistungen. Daran arbeiten die gesamte Belegschaft, der Betriebsrat und das Management gemeinsam. TPM leistet einen bedeutsamen Beitrag zur Sicherung unseres Standortes. Die GE-Leitung, die Werksleitung und die TPM-Gremien zeichnen verantwortlich für die Interpretation und Umsetzung dieser Grundsatzerklärung. «

Anfänge: Im Januar 1998 traf ein Fax von S. M. Louys, Delegate Director KME Tubes Division, beim International TPM Institute, Inc., ein, worin er nach kurzer Vorstellung der Firma um Kontaktaufnahme bat zwecks Unterstützung bei der TPM-Einführung. Nach einigen Verzögerungen kam im Juli 1998 ein erstes Meeting in Menden zustande, wobei das Werk besucht und das geplante Vorgehen bei einer erfolgreichen TPM-Einführung dem Werks- und Konzernmanagement vorgestellt wurde. Ein weiteres Meeting fand im Oktober 1998 statt. Klare Ziele wurden erstellt, Verantwortlichkeiten verteilt, die Machbarkeitsstudie geplant, die Kosten und Nutzen geschätzt und schließlich ein Vertrag mit dem TPM Institute geschlossen.

Beginn: Im Januar 1999 gab Edward Hartmann in zwei Schulungen im Hotel Antoniushütte in Balve insgesamt 70 Mitarbeitern eine Einführung in TPM und schulte, ebenfalls in zwei Meetings, 24 Teilnehmer für die Machbarkeitsstudie. Theo Carbon, der designierte Berater, wirkte bereits bei der Schulung für die Machbarkeitsstudie aktiv mit. Die relativ hohe

Anzahl der Schulungsteilnehmer bewirkte, dass viele Maschinenbediener und die meisten Instandhalter von Beginn an mit TPM vertraut waren und mit hoher Motivation ans Werk gingen. Auch war wichtig, dass zu diesem Zeitpunkt Alfons Reich schon zum TPM-Manager ernannt worden war und sogleich mit großem Elan die Durchführung der Machbarkeitsstudie übernahm.

Machbarkeitsstudie: Trotz einer gewissen Verunsicherung der Belegschaft durch eine frühere McKinsey-Studie, die zu einer Personalausdünnung geführt hat, verlief die Machbarkeitsstudie sehr gut und zeitgerecht. Die umfangreichen Daten, die erarbeitet und präsentiert wurden, gliederten sich ähnlich, wie in den Fallstudien Dunlop und Kiekert AG beschrieben. Hervorragend an dieser Studie war, dass 43 Vorschläge für ein TPM-Logo eingereicht wurden, insbesondere aber, dass über 700 Verbesserungsprojekte in diesen acht Wochen erarbeitet worden sind. Die Präsentation der Ergebnisse der Machbarkeitsstudie fand Ende März 1999 vor über 60 Personen statt, darunter Vertreter des Vorstands und der Werke in Italien und Frankreich. Wie immer bei einer guten Machbarkeitsstudie war die Präsentation des TPM-Piloteinführungsplans einer der wichtigsten Punkte, der dann eine gezielte und schnelle Einführung ermöglicht hat.

Piloteinführung: Etwa 30 Prozent aller Maschinen – insbesondere kritische und verbesserungsbedürftige Anlagen – wurden in die Piloteneinführung miteinbezogen. Die Abarbeitung der großen Anzahl der Projekte erfolgte nach einem Prioritätssystem, aber trotzdem waren die Kapazitäten der Instandhaltung weit überfordert, sodass viele Projekte durch Fremdvergabe erledigt wurden. Über 50 Prozent der Mängel an einer der wichtigsten Maschinen waren in zwei Monaten beseitigt. Um den Erfolg der größer werdenden Anzahl der TPM-Teams zu gewährleisten, wurden Ende Mai 1999 zwei Teamleiterschulungen von Theo Carbon durchgeführt, die von den 41 Teilnehmern begeistert aufgenommen wurde. Durch regelmäßige Berichterstattung an den TPM-Manager und durch ebenfalls regelmäßige Follow-up-Besuche des Beraters wurde sichergestellt, dass alle Teams ihre Aufgaben termingerecht erfüllten. Das beinhaltete Aufgaben wie die Erstellung und Durchführung der Wartungslisten, die Verbesserung der vorbeugenden und geplanten Instandhaltung, die geplanten Anlagenverbesserungen, die Durchführung der Fähigkeitsschulungen, die Verbesserung des Anlagenzustands und die Sauberkeit der Anlagen, die gute Durchführung der Teamsitzungen, Unterhalt der TPM-Tafeln und vieles mehr. Im November 1999 fand der erste »TPM-Tag« in Menden statt, an dem der Konzernvorstand, zahlreiche Manager und Besucher über Fortschritt, bisherige Erfolge und die Planung für das Jahr 2000 informiert wurden. Diese Planung beinhaltete die TPM-Audits und Zertifizierung der Pilotbereiche. Die Audits der Stufe I fanden im April und Mai 2000 statt und wurden von allen Teams glänzend bestanden.

TPM-Erweiterung: Nachdem die Akzeptanz und die Erfolge von TPM bei den Pilotanlagen offensichtlich waren, wurden bereits nach etwa drei Monaten weitere Maschinen planmäßig in TPM aufgenommen, bis sämtliche Maschinen im ganzen Werk einbezogen waren. Im November 2000 fand wieder eine Präsentation für den Vorstand und Führungskräfte der Werke Osnabrück, Serravalle und Givet statt. Im Protokoll dieser Sitzung sind folgende Faktoren für den bisherigen großen Fortschritt und Erfolg genannt: Das klare Bekenntnis von Vorstand, Geschäftsführung, Führungsmannschaft und Betriebsrat zu TPM, die stete Unterstützung, die hohe Motivation der Teams und deren Einsatzbereitschaft trotz gewaltiger Beanspruchung und schließlich die hervorragende Arbeit des TPM-Managers. Die Audits der Stufen I und II wurden nach präzisen Terminplänen durchgeführt und von sämtlichen Teams immer mit besten Resultaten bestanden, obwohl die Vorbereitung dazu mit viel Arbeit verbunden war. Aber die Resultate, mit Feedback und Fotos, waren typischerweise schon am nächsten Tag in der »Rohrpost«, der internen Mitarbeiterinformation, am Anschlagsbrett zu finden!

Im Jahre 2002 wurden ebenfalls SMED-Schulungen durch den Berater Eric Hoffmann mit insgesamt über 40 Teilnehmern durchgeführt. Die Rüstzeitreduzierung bei den meisten Maschinen war beachtlich, was natürlich den OEE-Wert und die Anlagenproduktivität weiter ansteigen ließ.

Besondere Merkmale dieser Einführung: TPM wurde bei KME in Menden zu einer Firmenphilosophie. Das Werkzeug TPM wird heute in Teamarbeit für fast alle Problemlösungs- und Projektarbeiten eingesetzt. TPM-Manager und IT-Abteilung entwickelten ein computerbasiertes Maschinenlogbuch, das seinesgleichen in Europa sucht. Als Teil der vorausschauenden Instandhaltung wird die Standzeitprognose aller Maschinenbauteile ermittelt. Das System »FISH« (Failure Information Sheet) wurde erweitert und in die Instandhaltungsaufgabenverwaltung integriert. Eine neue Instandhaltungsorganisation beinhaltet »Prozessoren«, die bereichsbedingt für die Aufgabenverwaltung zuständig sind. Jeder größere Auftrag wird zusätzlich einer Kosten-Nutzen-Analyse unterworfen.

TPM-Zertifizierungen und Award: Bis zum Frühjahr 2003 erfüllten alle Bereiche des KME-Werkes die sehr strengen Voraussetzungen der TPM-Zertifizierung. Im März 2003, genau vier Jahre nach Beginn der Einführung, kam dann der große Tag, an dem das KME-Werk Menden in Anwesenheit des Vorstandsvorsitzenden mit Stolz den begehrten TPM-Award durch Edward Hartmann überreicht bekam. Diese Auszeichnung bedeutet, dass

- alle TPM-Ziele, insbesondere Anlagenproduktivität, -zuverlässigkeit und -verfügbarkeit, erreicht oder übertroffen wurden,
- TPM von allen Mitarbeitern tagein, tagaus gelebt wird,
- die Sauberkeit des Werks und der Maschinen Weltklassestandard erreicht hat,
- die Wartung seitens der Maschinenbediener sowie die Durchführung der vorbeugenden und geplanten Instandhaltung seitens der Instandhaltung zu 100 Prozent erfolgen und das Verhältnis von proaktiver zu reaktiver Instandhaltung 80 : 20 beträgt,
- 85 Prozent aller Verbesserungsprojekte (von über 2000!) umgesetzt wurden und
- ein positiver Kulturwandel stattgefunden hat, der sich auf Teamarbeit stützt.

Hervorragende Resultate dieser Einführung waren:

- 68 % Steigerung der Leistung pro Mitarbeiter Kg/Std.
- 13 % Verbesserung der Materialausnutzung (Metal Yield)
- 71 % OEE-Verbesserung der Bottleneck-Maschine (Presse)
- 51 % Reduktion der Unfallhäufigkeit
- 65 % Reduktion der Verlustrate
- 30 % Reduktion der Instandhaltungskosten

KME Menden ist die Benchmark einer mustergültigen und überaus erfolgreichen TPM-Einführung. Sie ist ein besonderes Verdienst des TPM-Managers, Alfons Reich, der anlässlich der 10. TPM-Konferenz prompt zum TPM-Koordinator des Jahrzehnts gewählt wurde. Er hat seinen »Halbtagsjob« (12 Stunden am Tag!) so gut ausgeübt, dass die Berater (Hartmann, Carbon, Hoffmann) bei jedem Besuch überrascht waren, nicht nur einige, sondern alle Vorschläge, Anregungen und Empfehlungen umgesetzt zu sehen. Ohne die knallharten Forderungen und die aktive Unterstützung durch den Werksleiter, Thomas Weick, wäre das Projekt nicht zu einem so schnellen und durchschlagenden Erfolg geworden. Auch die dauerhafte und involvierte Unterstützung durch den Director Industrial Tubes, Andreas Chester, trug zu diesem einmaligen Erfolg bei.

Für mich war diese Einführung die professionell und persönlich zufriedenstellendste in meiner zwanzigjährigen TPM-Beratertätigkeit. Es war ein echtes Vergnügen, mit der gesamten Mannschaft in Menden zusammenzuarbeiten.

Fazit der Fallstudien

Wie diese Fallstudien (und andere erfolgreiche TPM-Einführungen in Deutschland und der Schweiz) belegen, gibt es ein »Erfolgsrezept«, d. h. definierbare Faktoren, die gegeben sein müssen und überall dort anzufinden sind, wo TPM ein großer Erfolg geworden ist.

Nr. 1: Starke Einbindung und Unterstützung des Topmanagements, Entwicklung einer guten TPM-Strategie, Setzen von definierten Zielen, Ausdauer und »Pochen« auf Erfolg, wie zum Beispiel die Herren:

- Lott bei DaimlerChrysler
- Schäfer und Trauth bei Dunlop
- Blank bei Feinguss Blank
- Schreiber bei INA Nadellager
- Chester bei KME
- Wisskirchen bei Kellogg
- Dr. Holzbach und Evertz bei Continental
- Lösch bei ZF Schwäbisch Gmünd
- Stracke bei Opel Bochum
- Beseler bei GKN Löbro
- Dr. Betka bei Pirelli
- Schmitt bei VB Autobatterie
- Riepl bei Siemens Automobiltechnik

Nr. 2: Erstklassige TPM-Koordinatoren, die von TPM überzeugt sind und somit überzeugen, motivieren und schulen können, Durchsetzungsvermögen und Ausdauer haben (um die »Frustrationsperiode« überstehen zu können) sowie gutes Organisationstalent haben, wie zum Beispiel die Herren:

- Fischer bei DaimlerChrysler
- Jedlitschka bei Dunlop
- Menz bei Feinguss Blank

- Schreiber jr. bei INA
- Reich bei KME
- Mahlstedt bei Kellogg
- Cranny (†) und Lindig bei Conti
- Francke bei ZF
- Hirsch bei Opel
- Kissner (und Vorgänger) bei Löbro
- Sommer bei Pirelli
- Leidenfrost bei VB
- Weber bei Siemens

Nr. 3: Eine ernsthafte und komplette Machbarkeitsstudie. Ohne diese »fliegen Sie blind«, haben keine Daten über die Maschinen (Verluste, Zustand etc.) und dadurch keinen guten »Input« für die TPM-Teams; Sie haben keine Basislinie, um Verbesserungen messen zu können, können keine Prioritäten festlegen, haben wenig Ahnung über tatsächlich notwendige Schulung; Sie können keine gute Pilot-Einführung planen und haben eine Gelegenheit verpasst, Ihre Mannschaft zu motivieren. Alle Werke, die einen großen und schnellen TPM-Erfolg erreicht haben, haben zuerst eine gute Machbarkeitsstudie durchgeführt.

Nr. 4: Ein gut entwickelter Pilot-Einführungsplan, der während der Machbarkeitsstudien-Präsentation vorgelegt und dort akzeptiert wird, ermöglicht Ihnen, mit der TPM-Einführung sofort zu beginnen, ohne das Momentum oder die Motivation, welche die Studie erbracht hat, zu verlieren.

Nr. 5: Beraterunterstützung: Alle oben genannten Werke haben Beraterunterstützung in Anspruch genommen. Ein guter Berater bringt Erfahrung von anderen TPM-Einführungen mit, kann überzeugende Schulungen durchführen, pocht auf Fortschritt, führt Audits durch und hilft Ihnen, Fehler zu vermeiden. Weil ein guter Berater relativ viel Geld kostet, fühlt man sich gezwungen, auch schnellen Fortschritt und Nutzen zu erreichen. Wenn dann allerdings ein hoher ROI der Einführung erreicht ist, sind die Beraterkosten ein geringer Teil dieser Rechnung.

Nr. 6: Frühe Einbeziehung des Betriebsrates: Der Betriebsrat muss vom ersten Tag miteinbezogen sein; d. h. wenn die erste Management-Präsentation über TPM stattfindet, muss der Betriebsrat dabei sein; ebenso bei allen Schulungen und bei der Durchführung der Machbarkeitsstudie sowie bei der Entwicklung des Einführungsplans.

Nr. 7: Nicht mit »autonomer Instandhaltung« beginnen, außer in neuen Werken oder Werkserweiterungen, wenn Sie schon TPM-Erfahrung und geschultes Personal haben. Das ist eine der »Fallen«, in die Sie nicht treten dürfen, in die aber doch einige deutsche Firmen getreten sind. Solche Fälle (wobei TPM meistens »eingeschlafen« ist) sind zu retten mit einem guten Neubeginn, der sich an die obigen Fallstudien und an dieses Buch anlehnt.

Abbildungsverzeichnis

Register

8-Schritte-Methode 179f.

A

Anlagenausfälle 63
Anlagenauslastung 61
Anlagendesign 37f.
Anlagenlogbuch 41, 110
Anlagenproduktivität, totale effektive (TEEP, Total Effective Equipment Productivity) 24, 61ff., 71f.
Anlagenverfügbarkeit 24, 30ff., 62ff., 67, 71ff.
Anlagenverlust 63ff., 66f.
Arbeitsgeschwindigkeit 63f., 66, 69ff., 75
Ausstoß 31ff., 51ff., 63, 73, 179ff.

B

Berichtssystem 113f.
Besitzerschaft 96
Betriebsanlagenmanagement 30ff.
Betriebskosten 37

C

CATS (Creative Action Teams) 119ff., 148, 161ff., 175, 178f., 182, 191, 193
CMMS (Computerized Maintenance Management Systems) 116
CO (Current Output) 179ff.
COEE (Current Overall Equipment Effectiveness) 179f.

D

Diagnosemaßnahmen 41
Dringlichkeit 105f., 113ff., 142, 166
Durchsatz 24, 75, 181

E

EU (Equipment Utilization) siehe Anlagenauslastung

Autoreninformation

Nach 40-jähriger beruflicher Tätigkeit – davon 20 Jahre ausschließlich in Sachen TPM – erlangte Edward H. Hartmann mit seiner Weiterentwicklung von TPM und seiner Schulungs- und Beratungstätigkeit in über 50 Ländern einen weltweiten Ruf. In Deutschland nennt man ihn »TPM-Papst«, in Amerika »Vater von TPM in den USA«.

1963 wanderte der junge Ingenieur, der in der Schweiz aufgewachsen ist, zum weiteren Studium an der McGill University in Montreal nach Kanada aus. Schon 1964, als seine Verlobte aus Bamberg und das Einwanderungsvisum in den USA angekommen waren, ging es weiter nach Südkalifornien, wo die beiden 15 Jahre blieben. Er bekleidete einige immer anspruchsvollere Stellen als Ingenieur und trat 1969 in eine internationale Management-Beratungsfirma ein. Nach einem fünfjährigen Aufenthalt in Charlotte, North Carolina, wurde er in den Vorstand berufen und zog 1985 mit seiner Familie nach Pittsburgh, Pennsylvania, wo er auch heute noch lebt.

Schon Mitte der Achtzigerjahre hatte Hartmann die Gelegenheit, unter Mithilfe von Seiichi Nakajima die Anwendung und die Erfolge von TPM bei etlichen japanischen Firmen zu studieren. Er war so überzeugt von TPM und der Notwendigkeit, dass auch die amerikanische Industrie diese produktivitätssteigernde Methode anwenden müsse, dass er im Jahr 1987 anlässlich einer speziell dafür organisierten Konferenz der amerikanischen Industrie und Presse die TPM-Methode vorstellte. Dies war zugleich der Beginn seiner TPM-Schulungs- und Beratungstätigkeit.

1990 gab er deshalb seine Position als Senior Vice President und Vorstandsmitglied bei H. B. Maynard & Co. auf, um das International TPM Institute, Inc., zu gründen. Ihm war schon damals bewusst, dass die »dogmatische« Methode des japanischen TPM in den USA und den übrigen westlichen Ländern nicht eins zu eins umgesetzt werden konnte. Als Konsequenz entwickelte er seine TPEM-Methode (Total Productive